目錄

：附 STEAM UP 小學堂

中文（附粵語和普通話錄音）

英文

數學

常識

藝術

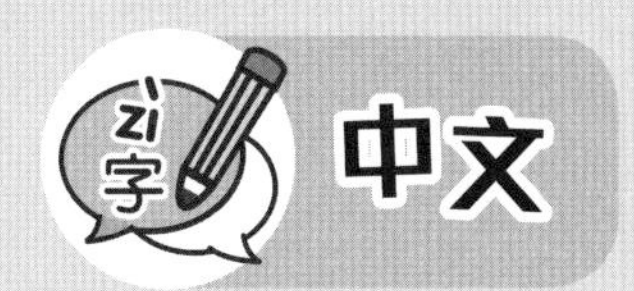

- 字詞運用：校長、老師、同學、寫字、唱歌、遊戲

日期：

請把正確的字詞填在橫線上，然後掃描二維碼，跟着唸一唸以下的一段文字。

xiě zì	xiào zhǎng	tóng xué	lǎo shī	yóu xì	chàng gē
寫字	校長	同學	老師	遊戲	唱歌

wǒ de xué xiào lǐ yǒu
我的學校裏有______  、______ 

hé
和______  。

wǒ men yì tóng
我們一同______  、

______ 

hé
和______  。

- 認識量詞
- 句子運用：這是……

日期：

請把正確的字詞填在橫線上，然後掃描二維碼，跟着唸一唸句子。

bǎ	shuāng	gè	zhī	běn
把	雙	個	枝	本

1. zhè shì yì 這是一 ________ tú shū 圖書。

2. zhè shì yí 這是一 ________ pí qiú 皮球。

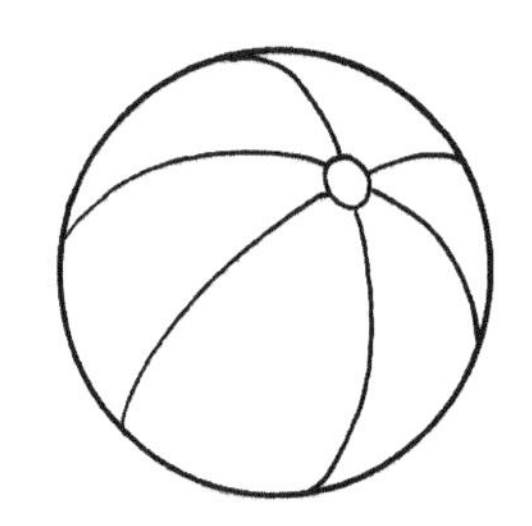

3. zhè shì yì 這是一 ________ qiān bǐ 鉛筆。

4. zhè shì yì 這是一 ________ jiǎn dāo 剪刀。

5. zhè shì yì 這是一 ________ pí xié 皮鞋。

請沿灰線填寫字詞，完成下面的句子。

Good morning,
Miss Chan.

Good morning,
Ann.

Hello, Peter.
How are you?

I am fine,
thank you.

• 温習圖形

日期：

請把圓形的物件圈起來。

請把正方形的物件填上顏色。

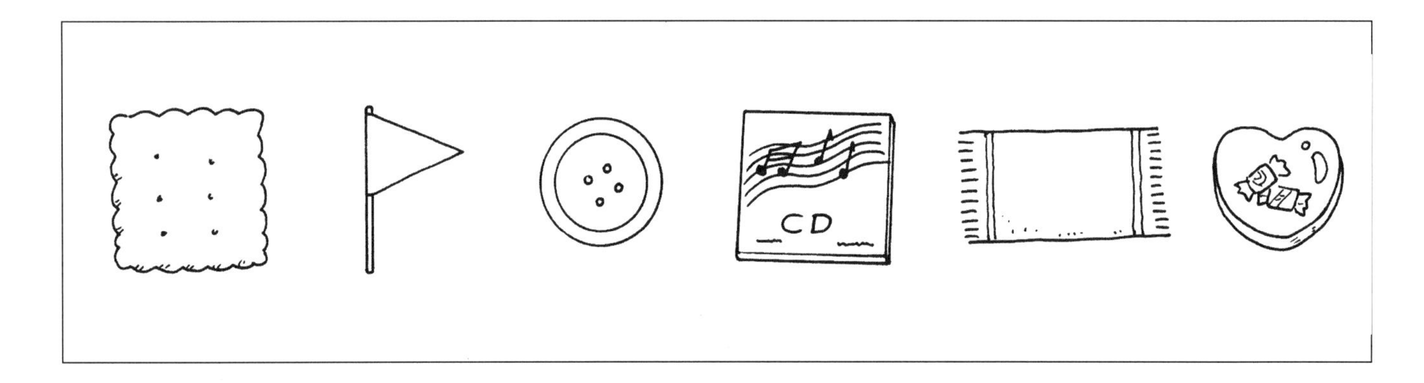

請在長方形物件的 □ 內填上 ✓。

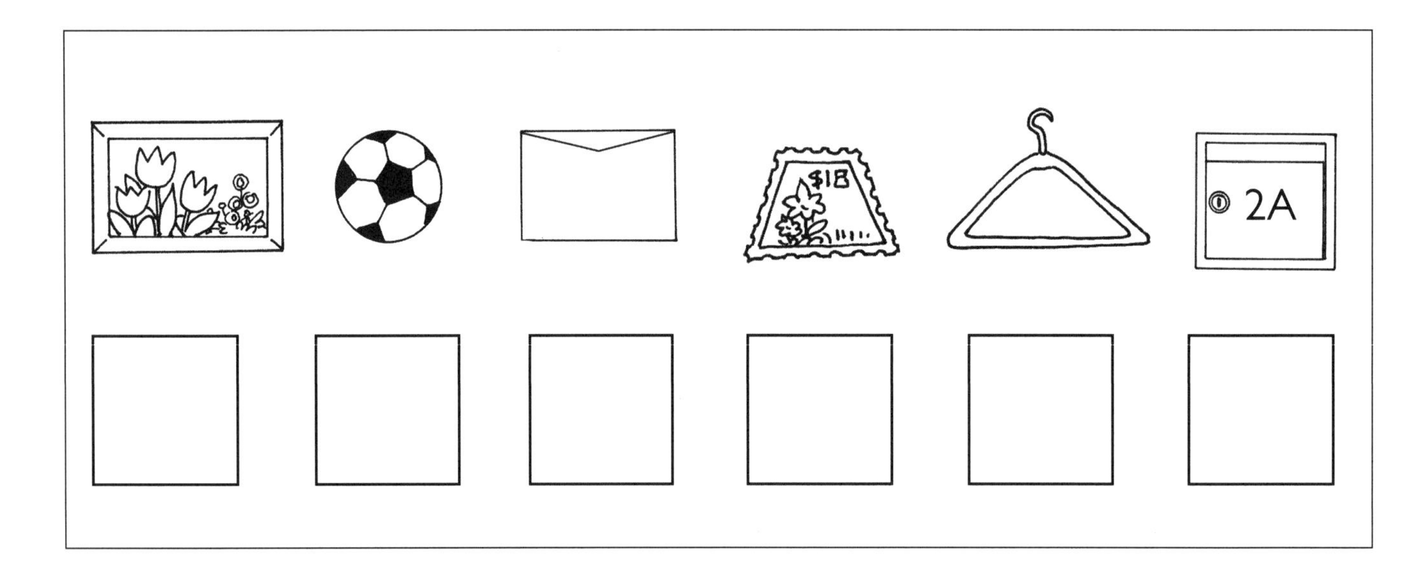

日期：

哪個小朋友懂得愛護學校的物品？請在 ☐ 內填上 ✓。

- 創作書本封面
- 認識印刷技術

日期：

小朋友，你喜歡閱讀圖書嗎？請你在下面的書本上替你喜歡的一本故事書設計封面並寫上書名。

STEAM UP 小學堂

德國工程師古騰堡 (Johannes Gutenberg) 發明了「活字」印刷。他利用金屬來鑄造出各個字母的金屬塊，並大量複製，讓印刷工人以不同方式排列在印刷機中，這樣便可以大量印製了。而金屬塊上的文字是左右反轉的，並且在排列的過程中，次序也是反轉的，這樣當文字印在紙上時才會展示出正確的方向和次序。

請爸媽用左右反轉的樣式在紙上寫上一些字詞，然後讓孩子拿着一面小鏡子放在文字旁，看看寫了什麼並讀出來。

中文

• 温習詞語

日期：

請把正確的字詞填在 ☐ 內，然後掃描二維碼，跟着唸一唸句子。

粵語　普通話

tī 踢	chuān 穿	xiě 寫	tiào 跳	xǐ 洗

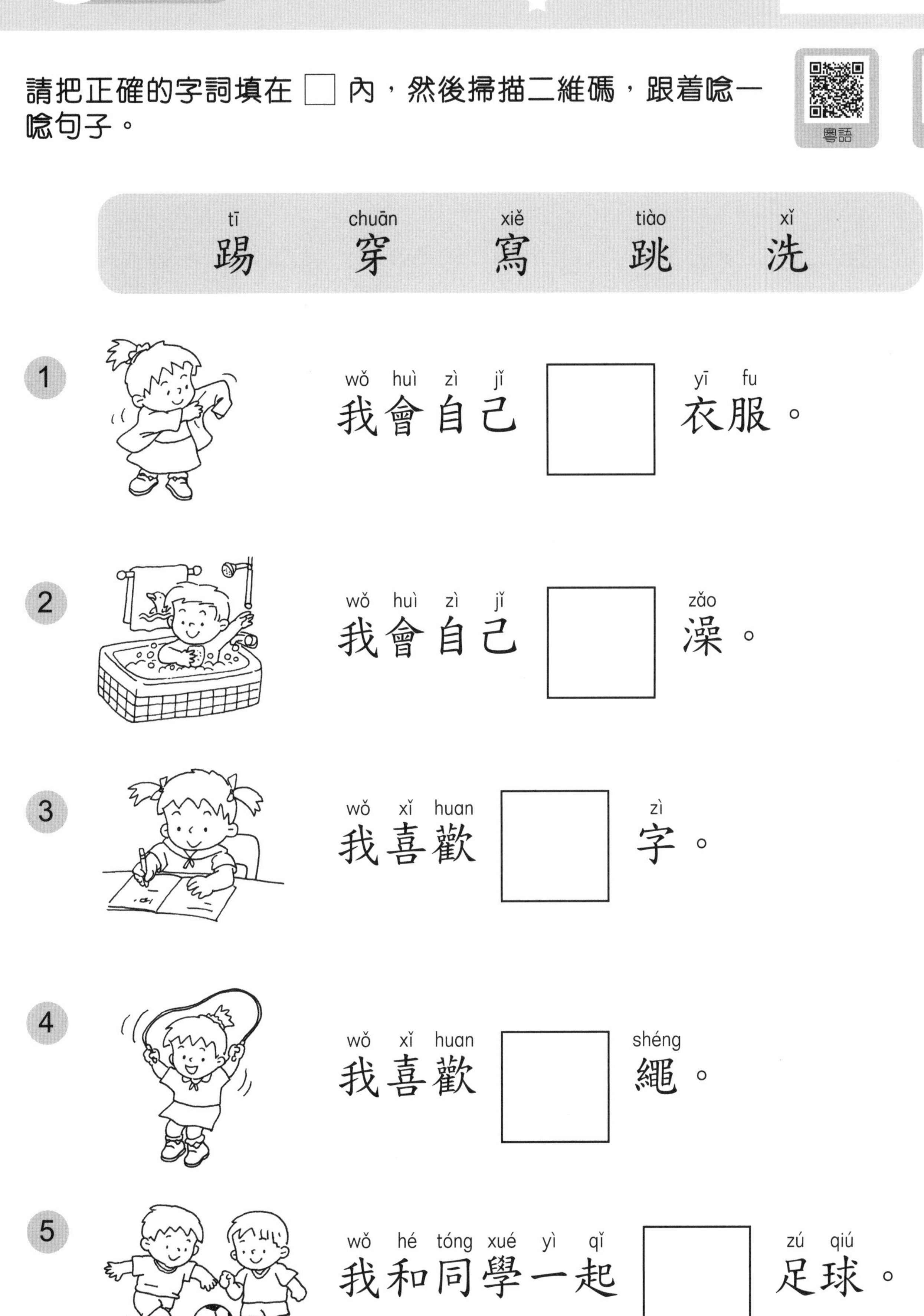

1. wǒ huì zì jǐ ☐ yī fu
   我會自己 ☐ 衣服。

2. wǒ huì zì jǐ ☐ zǎo
   我會自己 ☐ 澡。

3. wǒ xǐ huan ☐ zì
   我喜歡 ☐ 字。

4. wǒ xǐ huan ☐ shéng
   我喜歡 ☐ 繩。

5. wǒ hé tóng xué yì qǐ ☐ zú qiú
   我和同學一起 ☐ 足球。

- 認識身體部分的名稱
- 句子運用：我有……

日期：

請把正確的字詞填在橫線上，然後掃描二維碼，跟着唸一唸句子。

ěr duo 耳朵	zuǐ ba 嘴巴	yǎn jing 眼睛	jiǎo 腳	bí zi 鼻子	shǒu 手

1 

wǒ yǒu yì shuāng
我有一雙 ________。

2 

wǒ yǒu yì shuāng
我有一雙 ________。

3 

wǒ yǒu yí gè
我有一個 ________。

4 

wǒ yǒu yí gè
我有一個 ________。

5 

wǒ yǒu yì shuāng
我有一雙 ________。

6 

wǒ yǒu yì shuāng
我有一雙 ________。

日期：

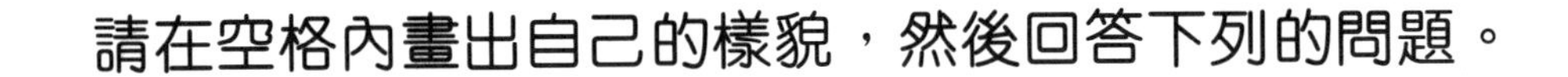

請在空格內畫出自己的樣貌，然後回答下列的問題。

1. What is your name?

   My name is ____________________ .

2. How old are you?

   I am ____________________ years old.

3. Are you a boy or a girl?

   I am a ____________________ .

請把正確的答案填在 □ 內。

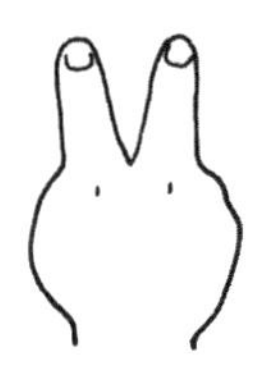 

2 ＋ 3 ＝ 

 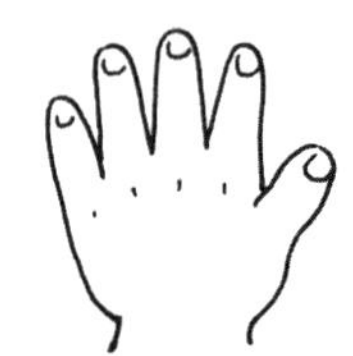

1 ＋ 5 ＝ 

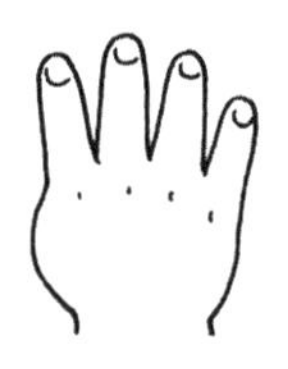 

4 ＋ 4 ＝ 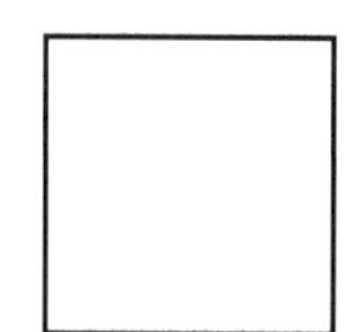

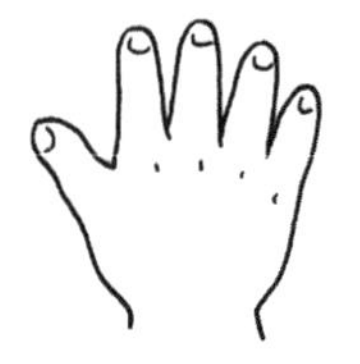 

5 ＋ 2 ＝ 

哪個小朋友懂得注意個人衛生？請從貼紙頁選取★ 貼紙，貼在 ⬚ 內。

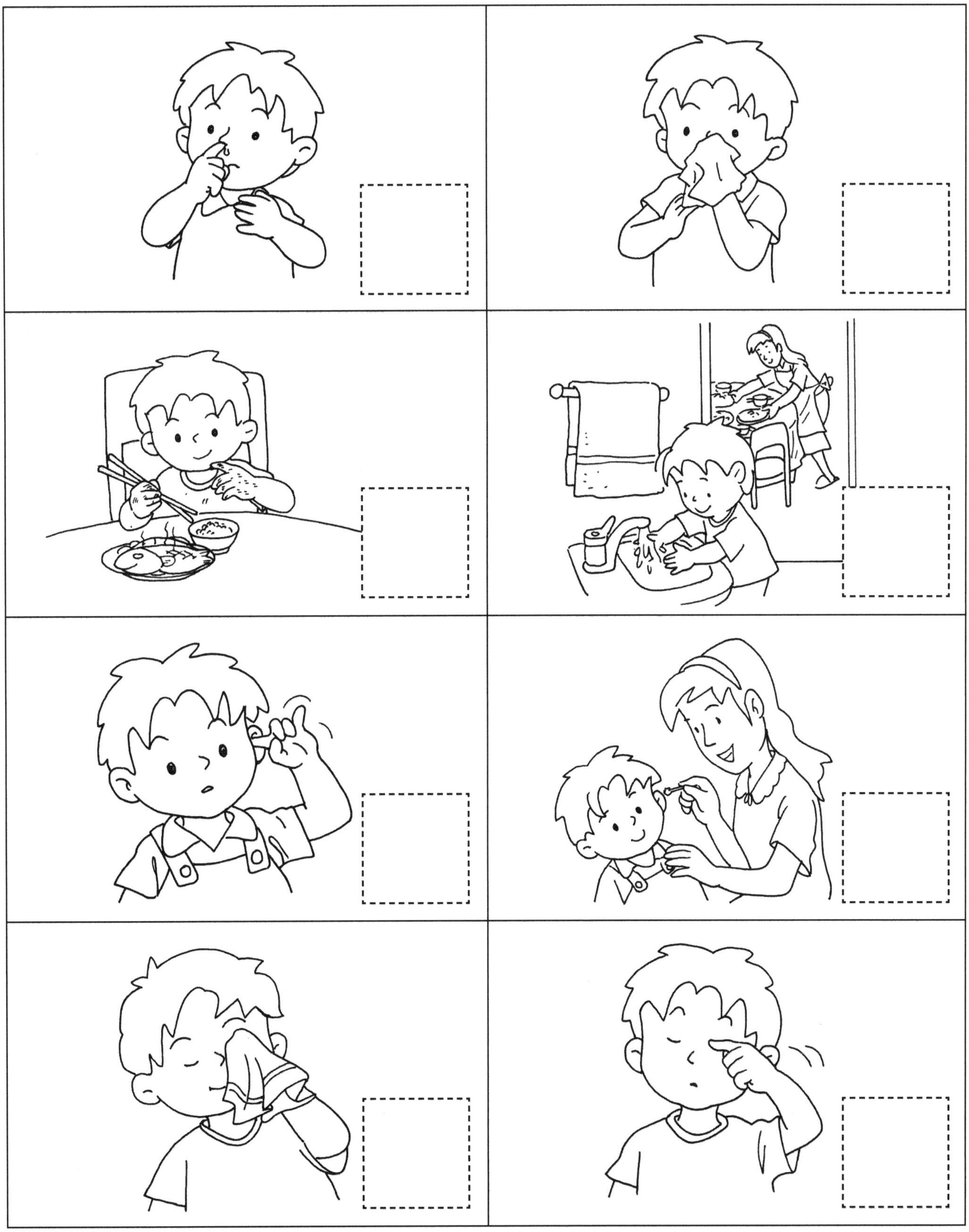

藝術

- 摺餐桌
- 認識平衡力

日期：

小朋友，請找一張正方形手工紙，然後跟着以下步驟摺出餐桌。

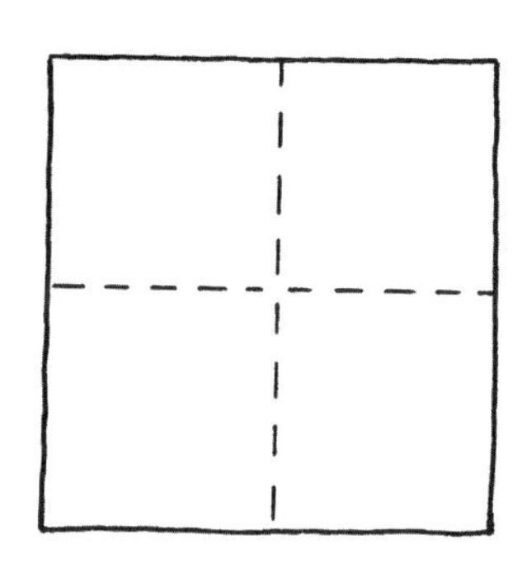

1 沿虛線對摺，然後把手工紙打開。

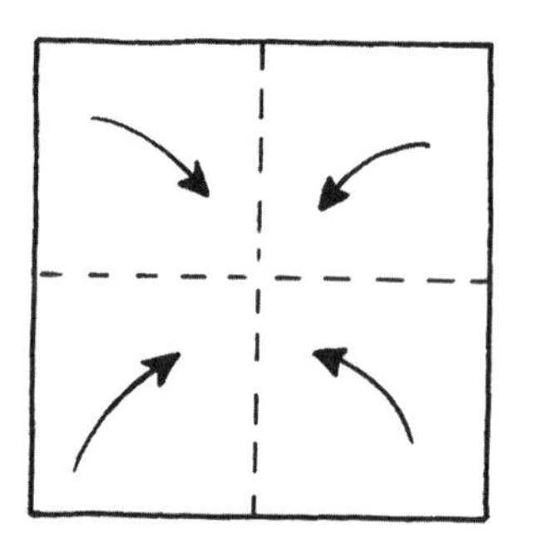

2 把四角向中心點往內摺。

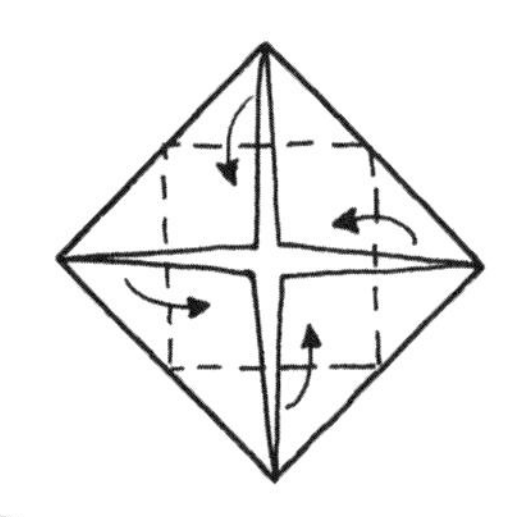

3 再往內摺。

4 反轉背面。

5 畫上食物和餐具。

6 打開四邊的「餐桌腳」。

STEAM UP 小學堂

摺完餐桌後，請你試把其中一邊的餐桌腳向內摺回，只有三邊腳的餐桌能站穩嗎？
桌子穩穩的四隻腳在地上，本來的重心在桌子的中心，但是當失去其中一邊的腳，重心便會偏離，桌子就會失去平衡而傾側了。

• 認識家庭成員的稱謂和關係

日期：

請從貼紙頁選取正確的家庭成員貼紙，貼在 ⬚ 內，然後掃描二維碼，跟着唸一唸。

字 中文

• 認識家庭用品的名稱

日期：

請看看圖畫，然後在正確的名稱旁的 □ 內填上 ✓。

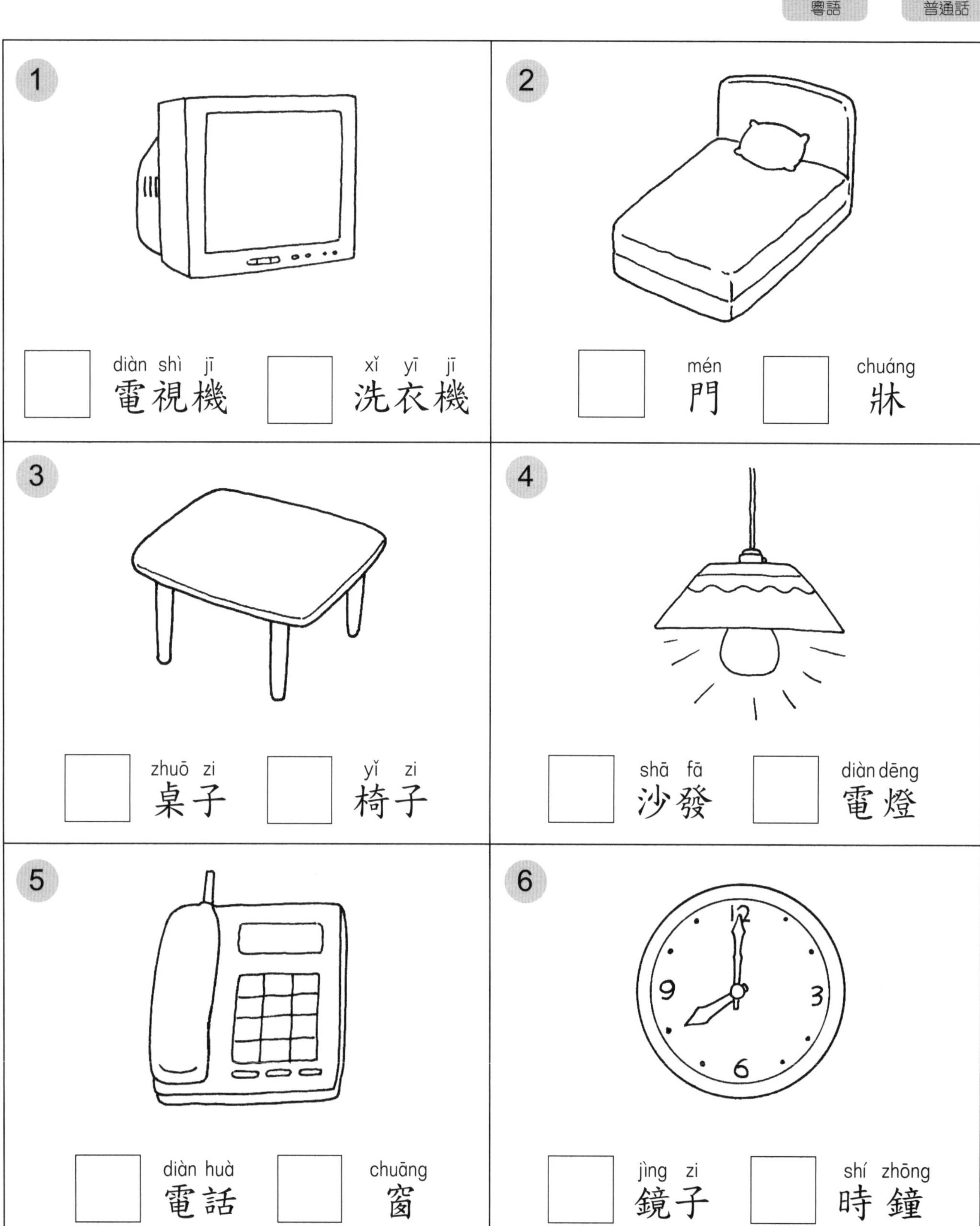

- 認識家庭用品的名稱
- 認字：chair、rug、sofa、table、vase

日期：

請沿灰線填寫字詞。

請把相關的圖畫用線連起來。

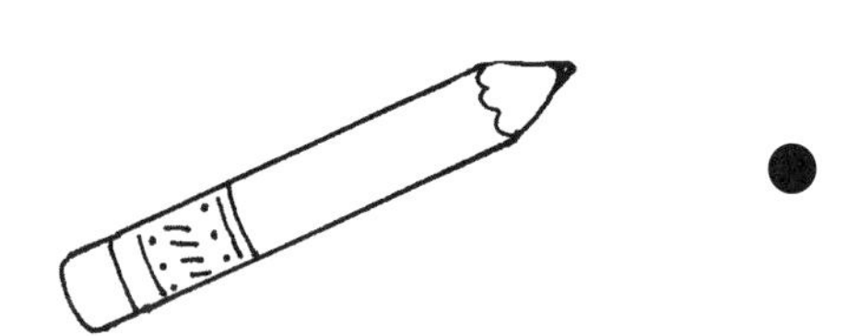

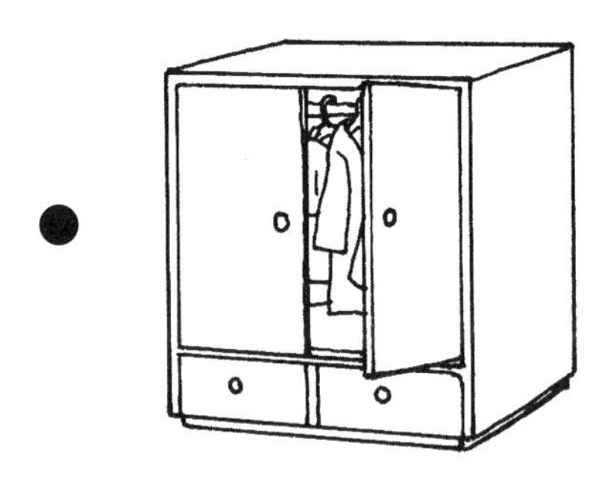

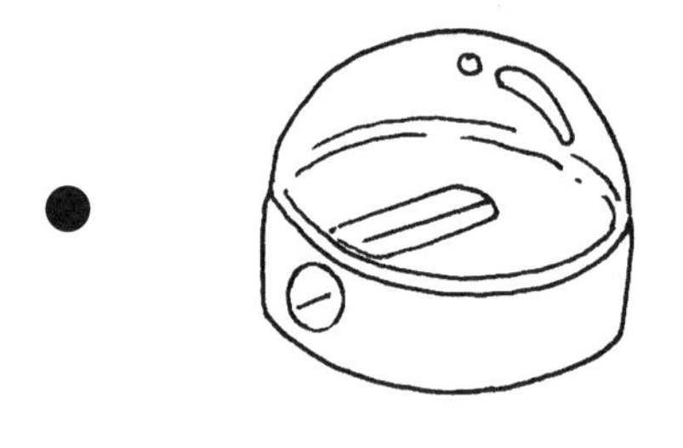

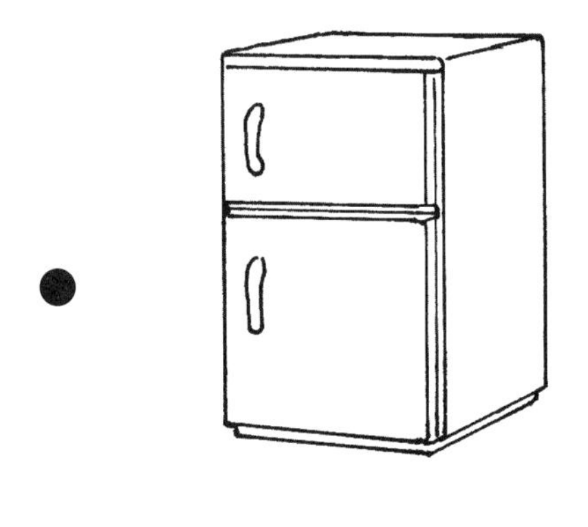

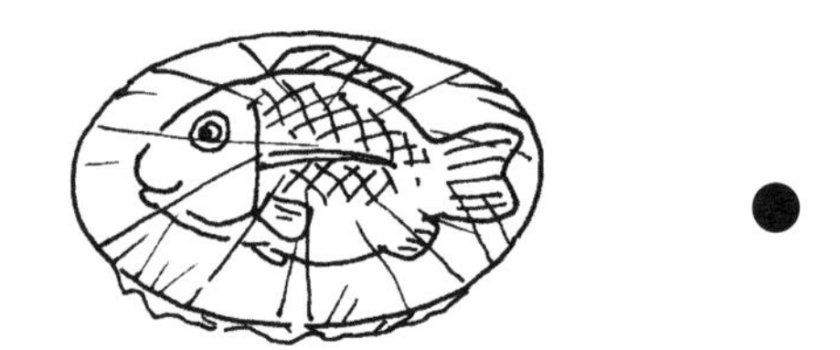

媽媽生病了，哪些事情你會幫忙呢？請在 □ 內畫上 ♥。

日期：

請找一個紙碟、一張小卡紙和一張自己的相片，然後跟着以下步驟製作相架。

1 在紙碟畫上圖案和填上顏色。

2 把相片貼在紙碟的中央。

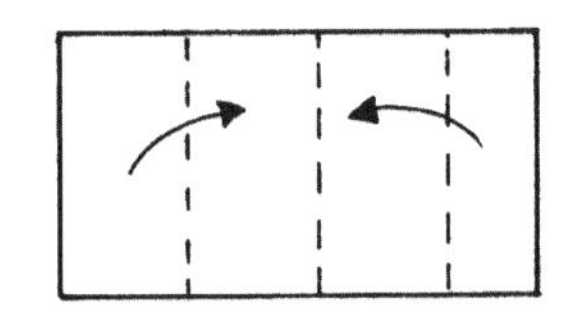

3 把小卡紙的兩邊向中線摺。

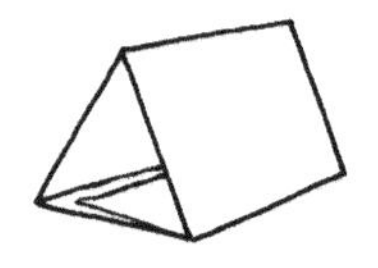

4 然後貼起來，做成立體三角座。

5 把三角座貼在紙碟的背面，這個相架就完成了。

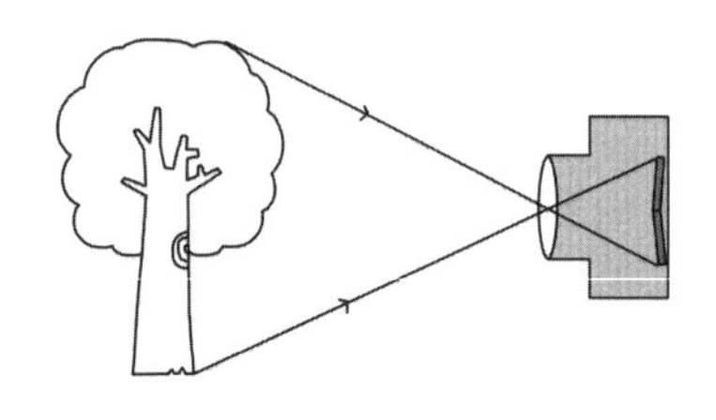

STEAM UP 小學堂

請爸爸媽媽一起製作另一個相架和拍照，然後把照片貼在自製的相架上。
當我們用相機瞄準某些東西時，來自環境或拍攝對象的光線便會透過鏡片進入相機中，這些光線之後會射到相機的感光元件上。感光元件便能把影像記錄下來。

- 認識秋天的景象
- 句子練習

日期：

請把句子跟相配的圖畫用線連起來，然後掃描二維碼，跟着唸一唸句子。

1 秋天到，樹葉落。(qiū tiān dào, shù yè luò)

2 秋天到，天氣涼。(qiū tiān dào, tiān qì liáng)

3 秋天到，菊花開。(qiū tiān dào, jú huā kāi)

4 秋天到，螞蟻找食物過冬。(qiū tiān dào, mǎ yǐ zhǎo shí wù guò dōng)

• 温習詞語

日期：

請在每行中找出跟圖畫相關的字詞，把它們圈起來，然後掃描二維碼，跟着唸一唸字詞。

1	bà 爸	shù 樹	mù 木	lǎo 老	shī 師	zǐ 姊
2	yuè 月	liàng 亮	xiǎo 小	niǎo 鳥	bái 白	yún 雲
3	mā 媽	tóng 同	xué 學	tài 太	yáng 陽	mèi 妹
4	gē 哥	fēng 風	zhēng 箏	dì 弟	huā 花	duǒ 朵

• 認識顏色的名稱

日期：

請根據字詞把圖畫填上正確的顏色。

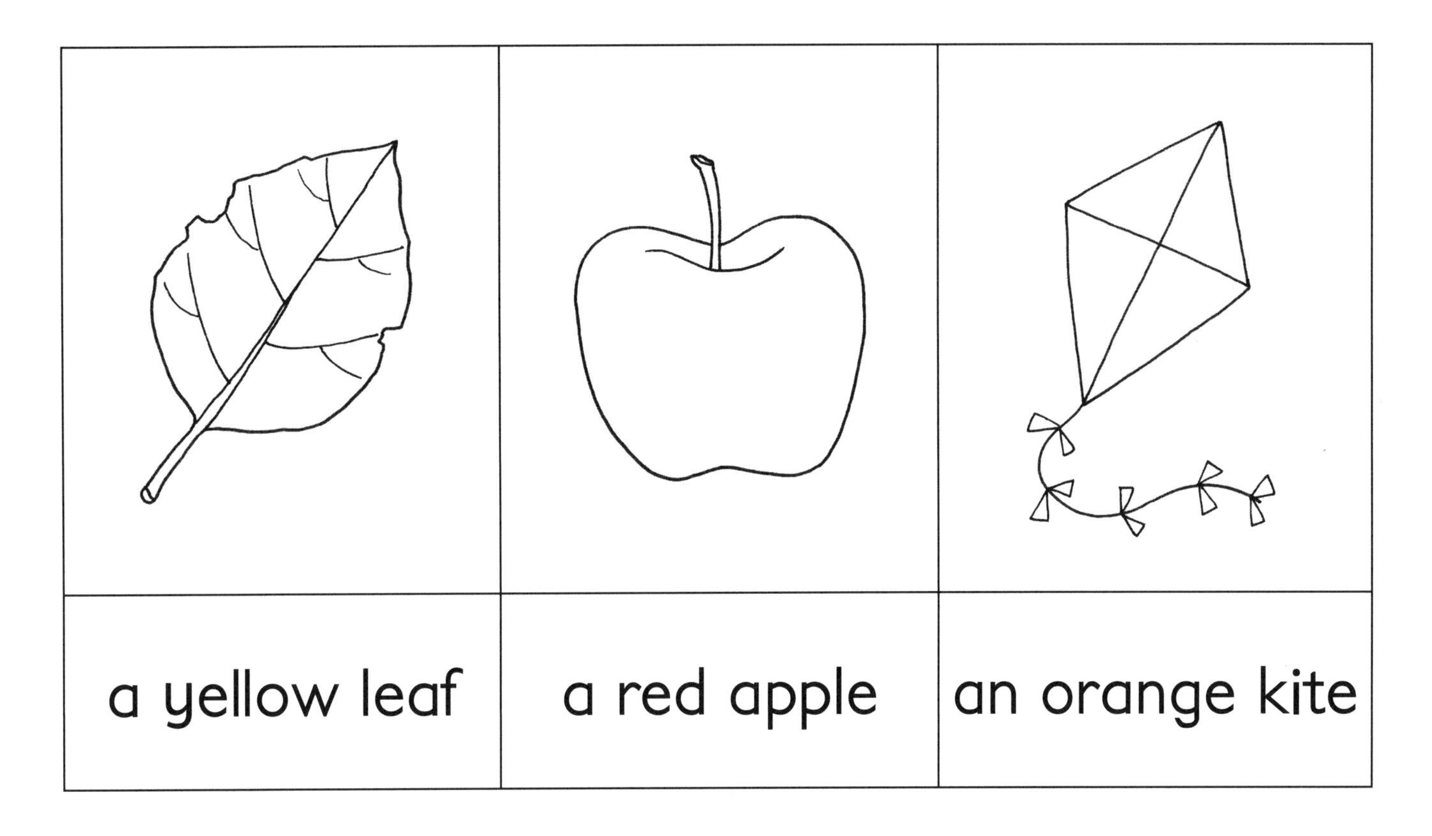

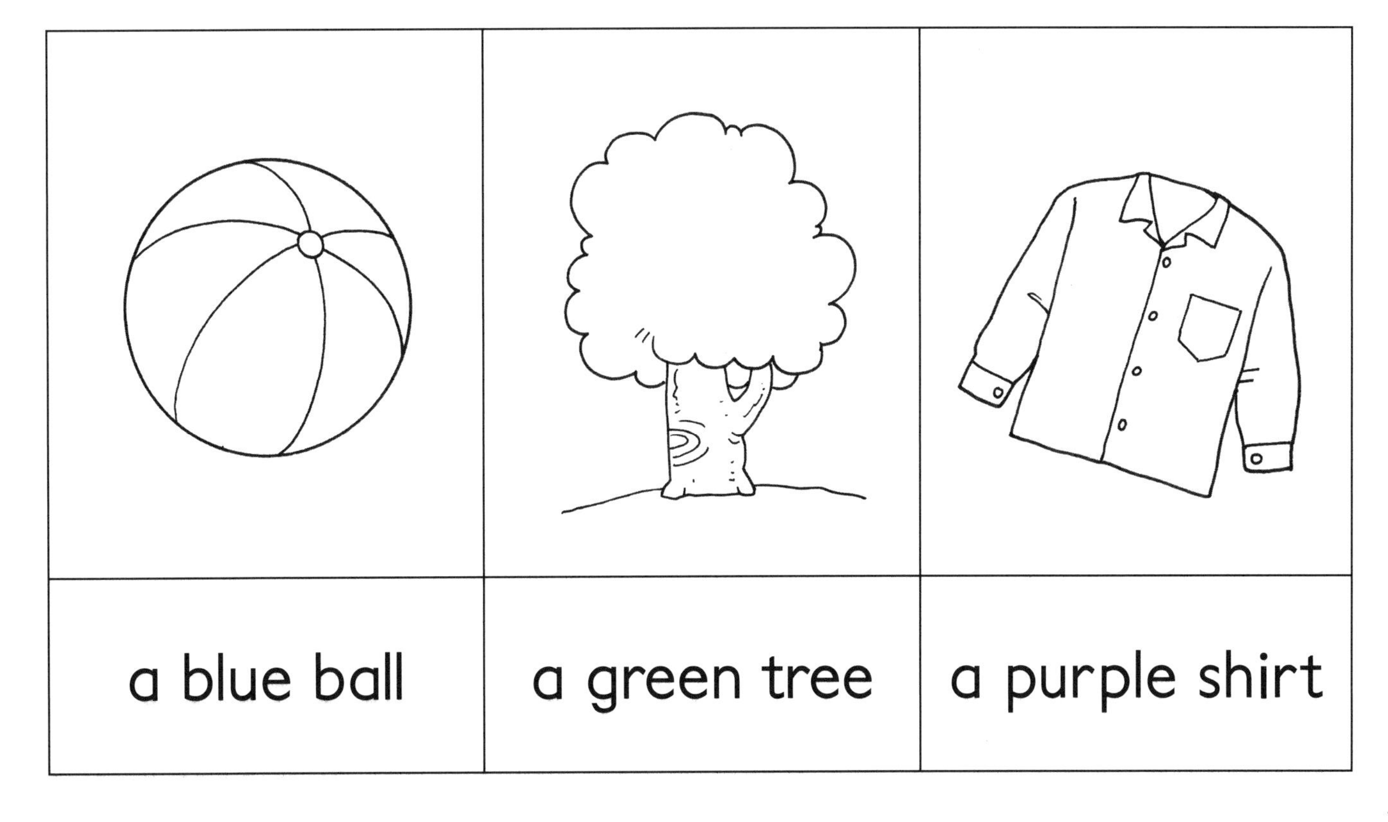

請在 □ 內填寫 10-1 的倒數數字。

火箭準備升空了，現在開始倒數：

10									1

請把正確的答案填在 □ 內。

3 ＋ 4 ＝  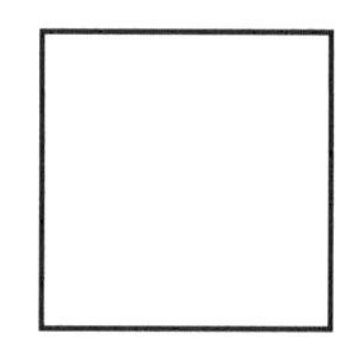

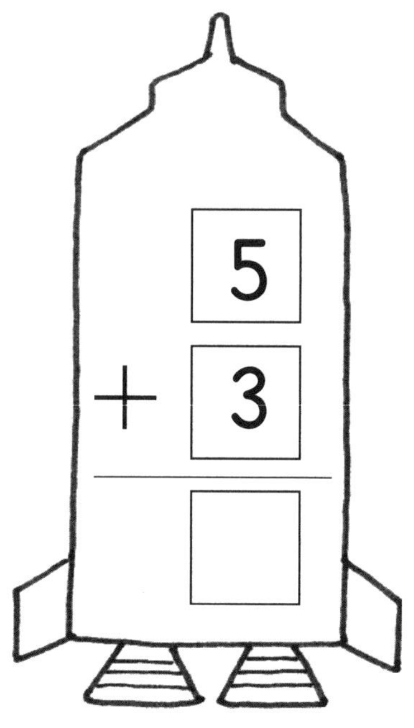

5 ＋ 3 ＝ 

日期：

哪三個小朋友沒有在愛護大自然？請把他們圈起來。

請找一張長方形的手工紙，然後跟着以下步驟剪出多個梨子。

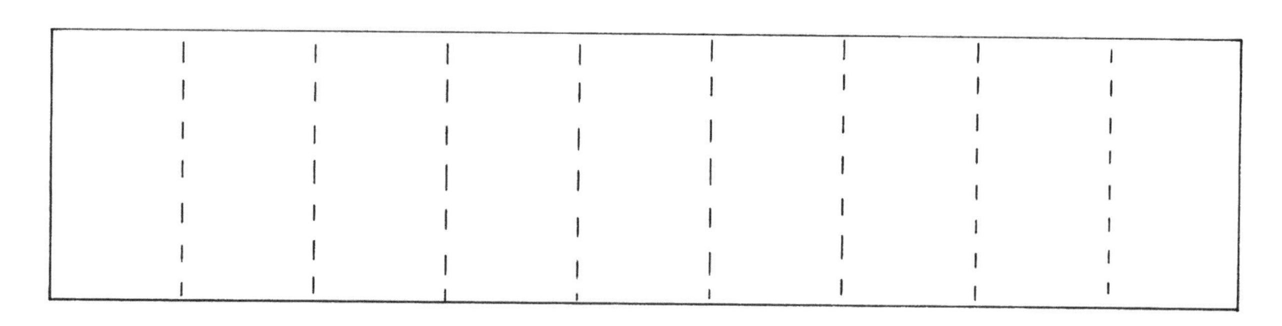

1 沿虛線摺。

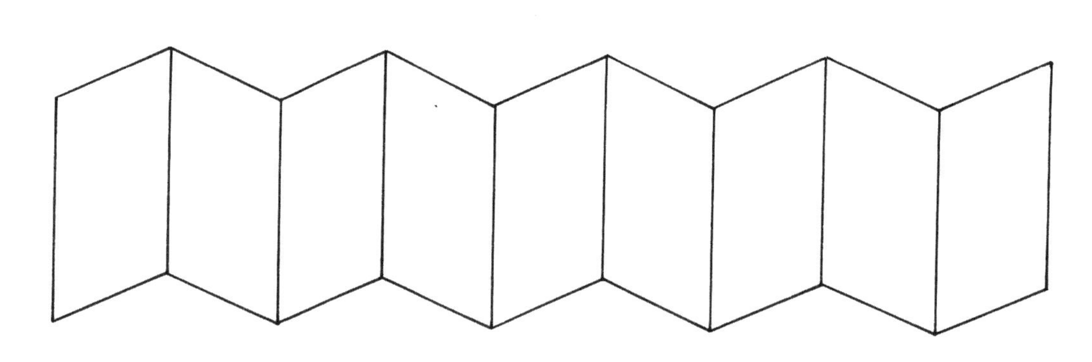

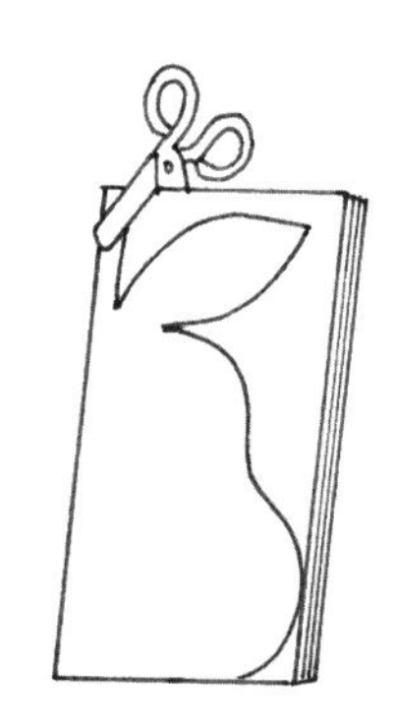

2 畫上半個梨子，然後用剪刀沿線剪出來。

3 把紙攤開，就變成多個梨子了。

中文

• 配詞練習

日期：

請把正確的字詞填在橫線上，然後掃描二維碼，跟着唸一唸字詞。

粵語

普通話

qiū 秋	lǎo 老	tóng 同	shù 樹	yuán 員	fēng 風

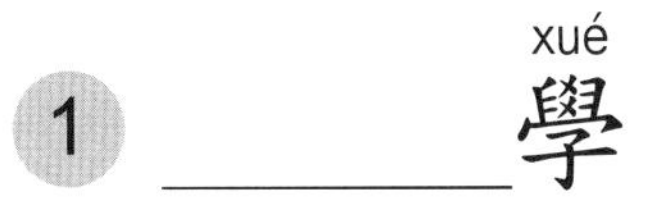

1. ________學 (xué)
2. ________師 (shī)
3. ________天 (tiān)

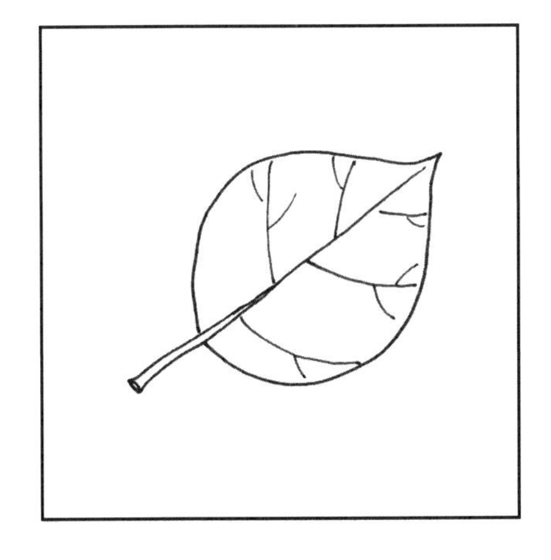

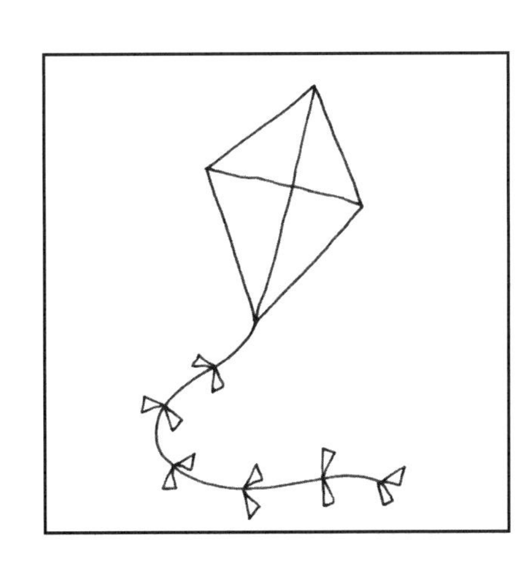

4. ________葉 (yè)
5. ________箏 (zheng)
6. 消防 (xiāo fáng)________

- 認讀：蠟燭、爐具、火柴
- 認識火的用途
- 火柴的發明

日期：

請把跟句子相配的圖畫用線連起來，然後掃描二維碼，跟着唸一唸句子。

1 火可以用來照明。(huǒ kě yǐ yòng lái zhào míng) ●

2 火可以用來煮食。(huǒ kě yǐ yòng lái zhǔ shí) ●

3 火可以用來取暖。(huǒ kě yǐ yòng lái qǔ nuǎn) ●

請掃描二維碼，聽一聽是什麼字詞，然後從貼紙頁選取正確的字詞貼紙，貼在 ⬚ 內。

1

2

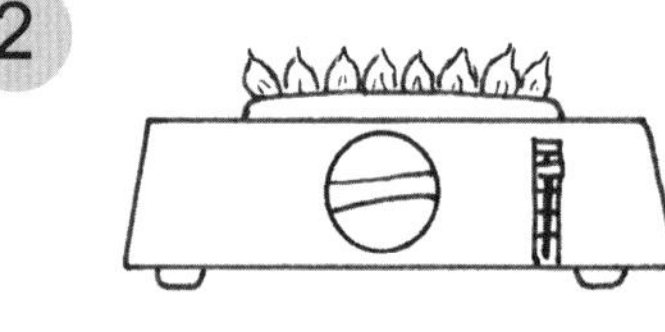

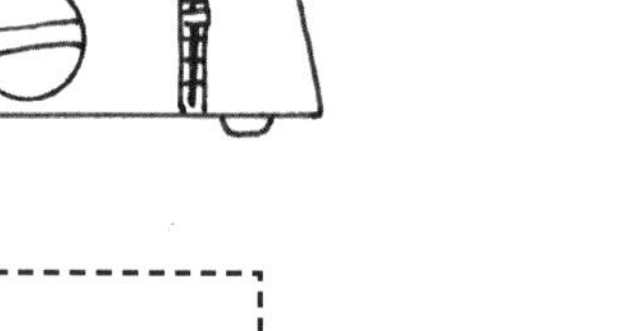

3

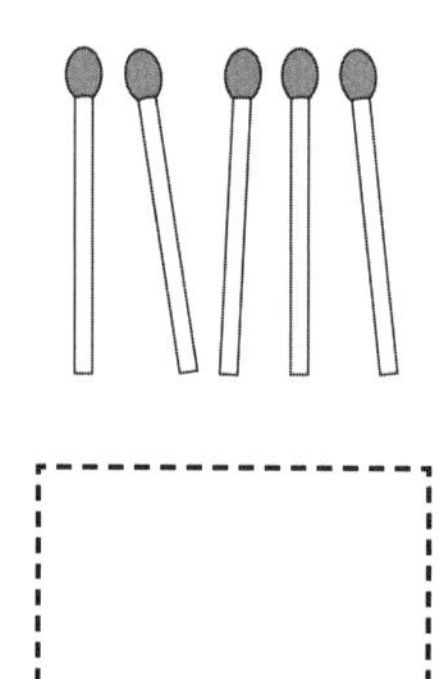

STEAM UP 小學堂

火柴上有一種稱為紅磷的物質，成為每枝火柴末端上的引燃劑，而產生火燄的物質則塗在火柴盒上，成為今天一盒盒的火柴了。

英文

• 温習字詞

日期：

請把跟圖畫相配的字詞圈起來。

an apple a dog	a ball a boy	a cat a cup
a doll a dog	an elephant an egg	a fish fire
a girl a goat	a hat a house	an igloo an ice-cream

日期：

請觀察圖畫，然後把正確答案圈起來。

1  在  的 上 / 下面。

2  在  的 後 / 前面。

3  在  的 外 / 裏面。

• 認識消防員救火的程序

日期：

請按事情發生的先後次序，在 ☐ 內填上 1-6。

- 拒水畫
- 認識拒水的特性

日期：

小朋友，請你預備一枝白色的蠟筆和一盒水彩，然後跟着以下步驟製作拒水畫。

1 用白色蠟筆在紙上繪畫。

2 在紙上塗上水彩，便能看見剛才繪畫的東西。

STEAM UP 小學堂

蠟是油性的，具有排斥水分的特性。當在畫紙上先以蠟筆作畫，再加上水溶顏料，你便能觀察到紙張吸水和蠟筆拒水的效果了。

• 認識幫助我們的人

日期：

請從貼紙頁選取正確的職業名稱貼紙，貼在 ⬚ 內，然後把人物圖畫跟所需要的用品用線連起來。最後掃描二維碼，跟着唸一唸字詞。

粵語

普通話

1

2

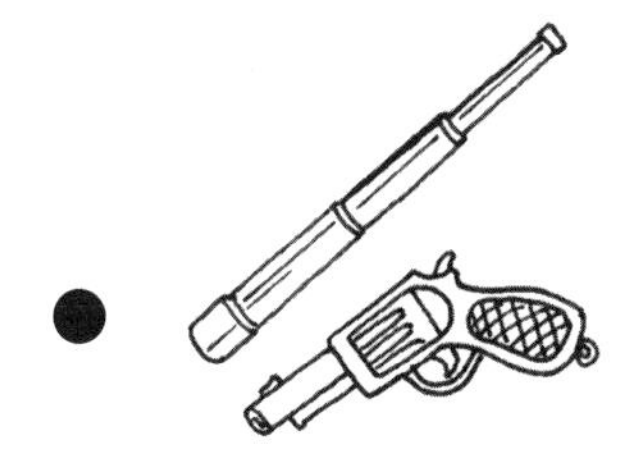

3

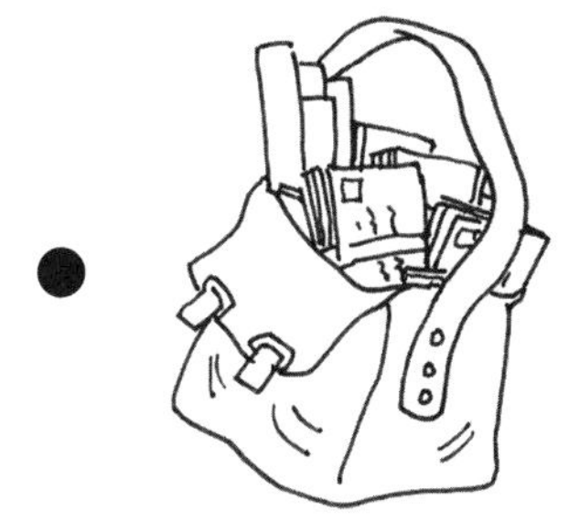

4

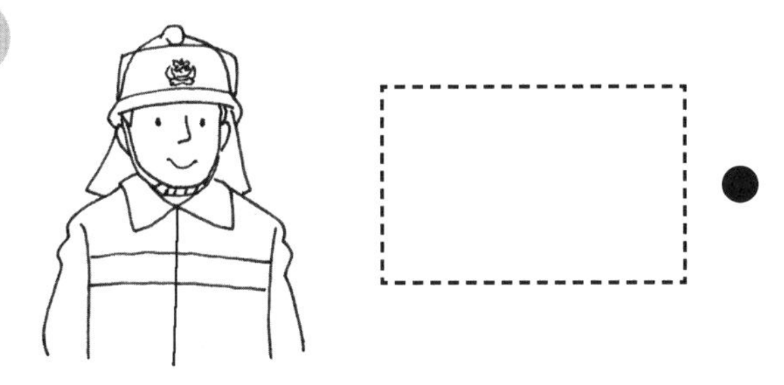

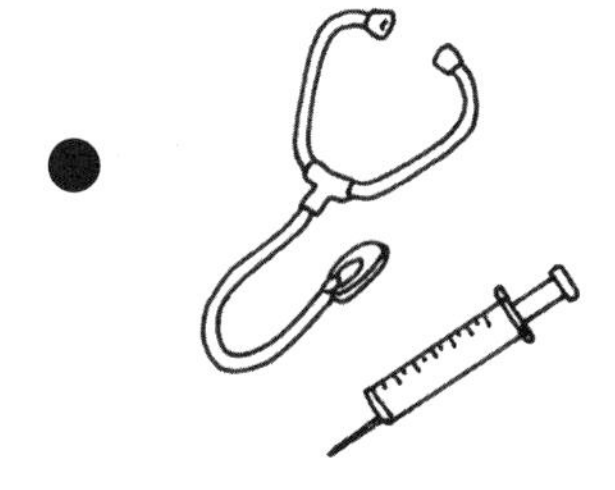

5

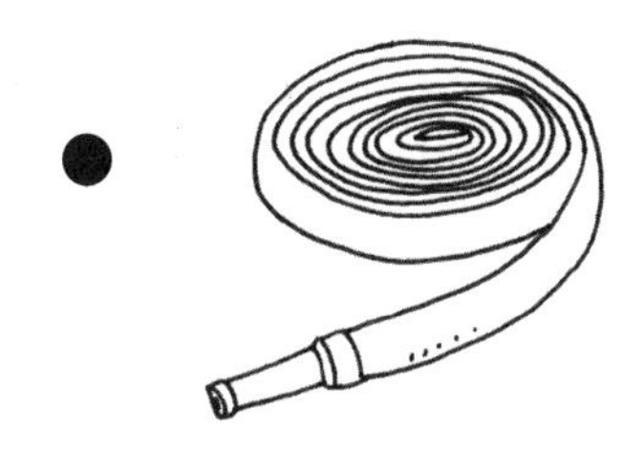

• 句子練習

日期：

請看看圖畫，把正確的答案圈起來，然後掃描二維碼，跟着唸一唸句子。

1. yóu chāi gěi wǒ men　jiǎng gù shi / sòng xìn
郵差給我們 講故事 / 送信 。

2. jǐng chá　jiù huǒ / zhuō xiǎo tōu
警察 救火 / 捉小偷 。

3. xiāo fáng yuán　jiù huǒ / sòng xìn
消防員 救火 / 送信 。

4. lǎo shī gěi wǒ men　jiǎng gù shi / zhì bìng
老師給我們 講故事 / 治病 。

5. yī shēng tì bìng rén　zhì bìng / zhuō xiǎo tōu
醫生替病人 治病 / 捉小偷 。

請在正確句子的 □ 內填上 ✓。

Is he a policeman?

□ Yes, he is.

□ No, he isn't.

Is she a nurse?

□ Yes, she is.

□ No, she isn't.

Is he a driver?

□ Yes, he is.

□ No, he isn't.

Is he a farmer?

□ Yes, he is.

□ No, he isn't.

請把正確的答案填在橫線上。

日期：

請從貼紙頁選取正確的圖畫貼紙，按照處理信件的先後次序，把貼紙貼在 □ 內。

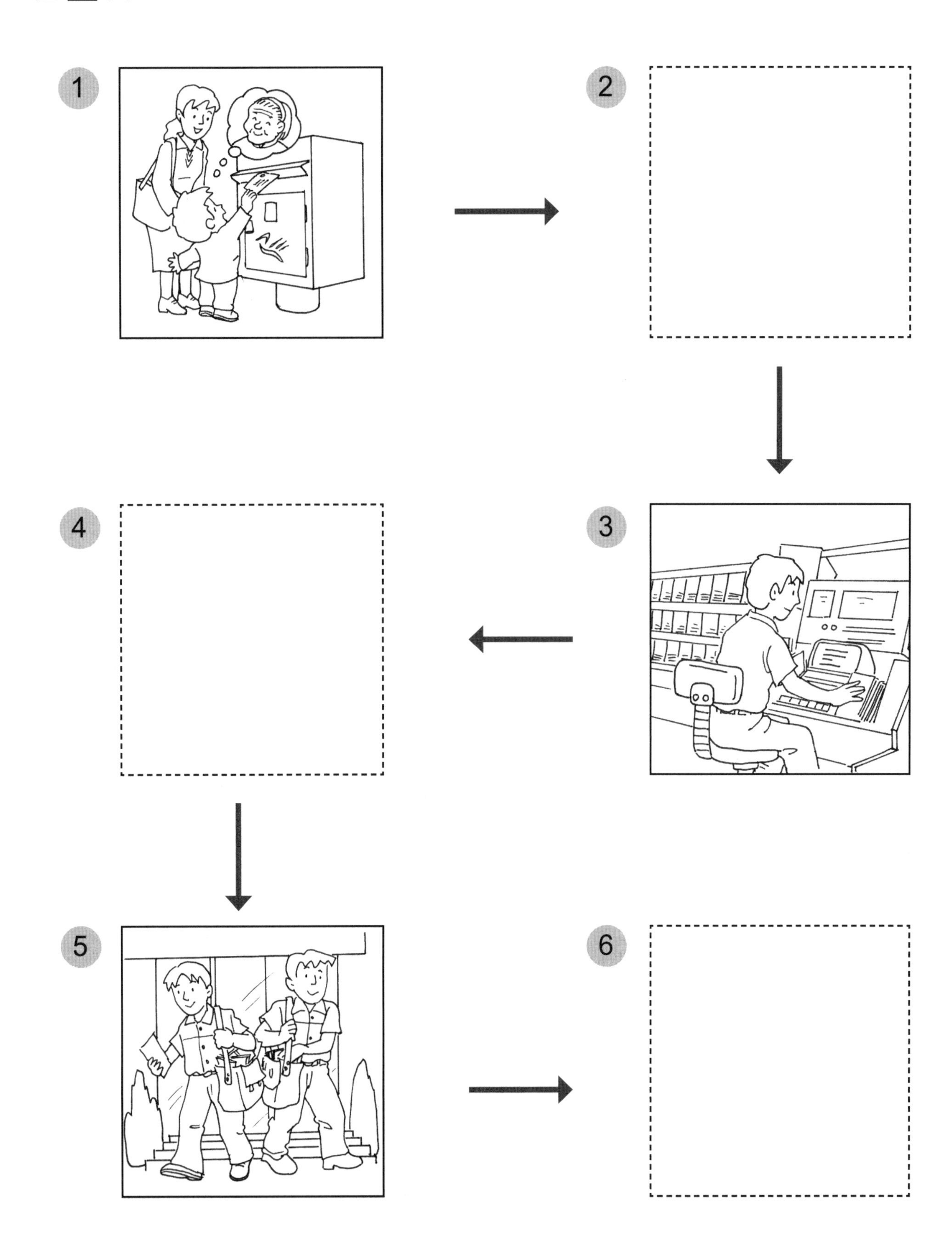

小朋友，請你在下面的明信片上畫上你喜歡的圖畫，例如風景名勝、食物等，然後在正確的位置寫上收信人和地址的資料。

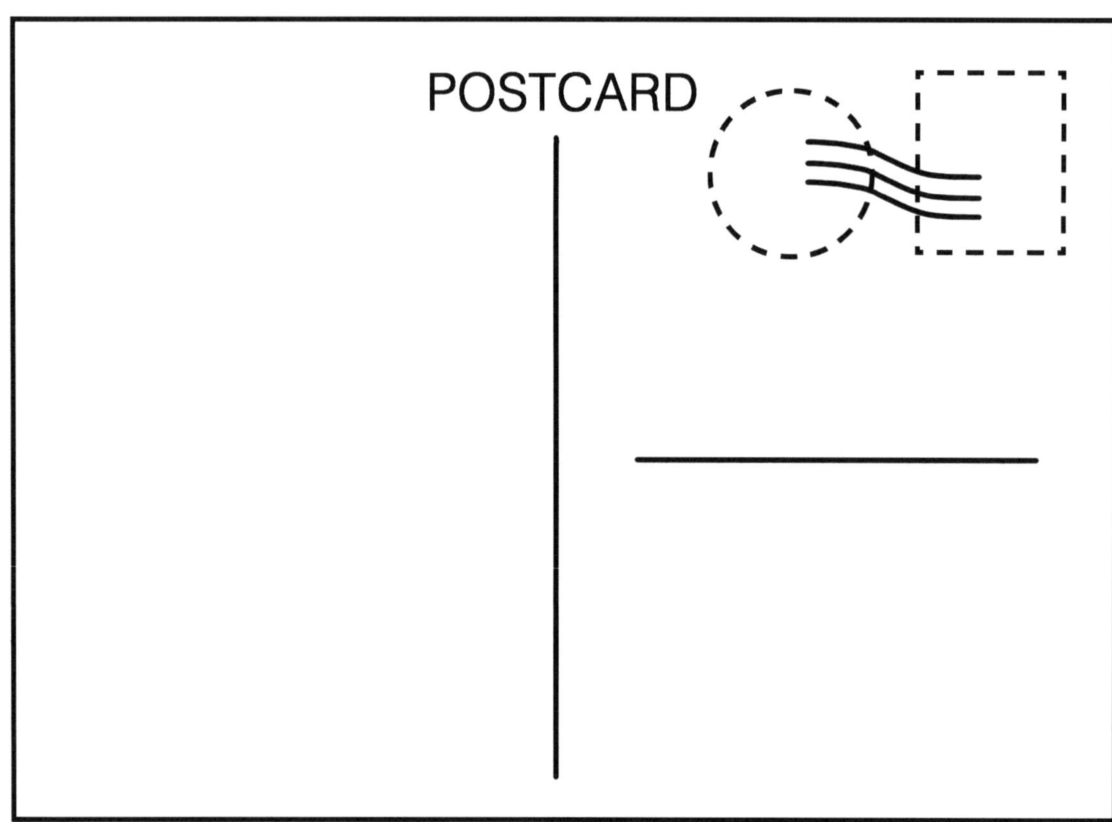

● 認識衣服的名稱

日期：

請從貼紙頁選取正確的字詞貼紙，貼在 內，然後掃描二維碼，跟着唸一唸句子。

- 温習顏色的名稱
- 句子運用：那是……

日期：

請把圖畫填上正確的顏色，然後掃描二維碼，跟着唸一唸句子。

1

nà shì yì tiáo lán sè de
那是一條藍色的
kù zi
褲子。

2

nà shì yì tiáo hóng sè de
那是一條紅色的
qún zi
裙子。

3

nà shì yí jiàn huáng sè de
那是一件黃色的
chèn shān
襯衫。

4

nà shì yí jiàn lǜ sè de
那是一件綠色的
wài tào
外套。

請把正確的字詞圈起來。

It is a (shirt / scarf).

It is a (coat / dress).

It is a (scarf / vest).

It is a (shoe / hat).

It is a (sock / coat).

數學

• 温習分類的概念

日期：

圖中的小朋友會把衣物放在哪裏呢？請把小朋友跟相配的圖畫用線連起來。

日期：

請把小朋友跟相配的民族服裝用線連起來。

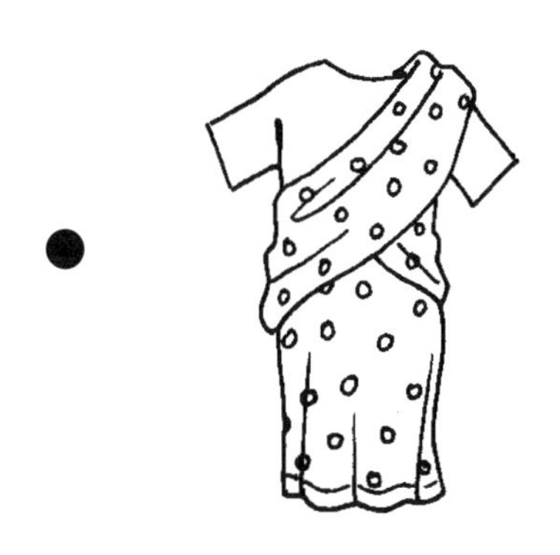

日期：

請你在下面畫一件民族服裝。

• 認讀：冬天、火鍋、青菜、牛肉

日期：

請把正確的字詞填在橫線上，然後掃描二維碼，跟着唸一唸。

niú ròu 牛肉	dōng tiān 冬天	qīng cài 青菜	huǒ guō 火鍋

______ 來了（lái le）  ，天氣冷（tiān qì lěng）。我們在家吃（wǒ men zài jiā chī）

______ 。我愛吃（wǒ ài chī） ______  ，

你愛吃（nǐ ài chī） ______ 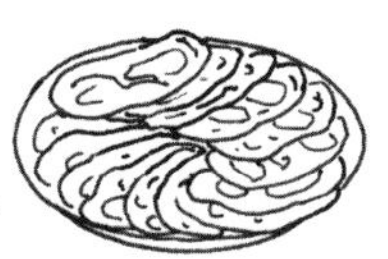 ，大家吃得笑呵呵（dà jiā chī de xiào hē hē）。

• 句子練習

日期：

哪一句句子是跟圖畫相配的呢？請在 □ 內填上 ✓，然後掃描二維碼，跟着唸一唸句子。

1

□ zhè shì yì kē shèng dàn shù
這是一棵聖誕樹。

□ zhè shì yì duǒ huā
這是一朵花。

2

□ tā shì jǐng chá
他是警察。

□ tā shì shèng dàn lǎo ren
他是聖誕老人。

3

□ zhè shì yì zhāng shèng dàn kǎ
這是一張聖誕卡。

□ zhè shì yì zhāng shēng rì kǎ
這是一張生日卡。

4

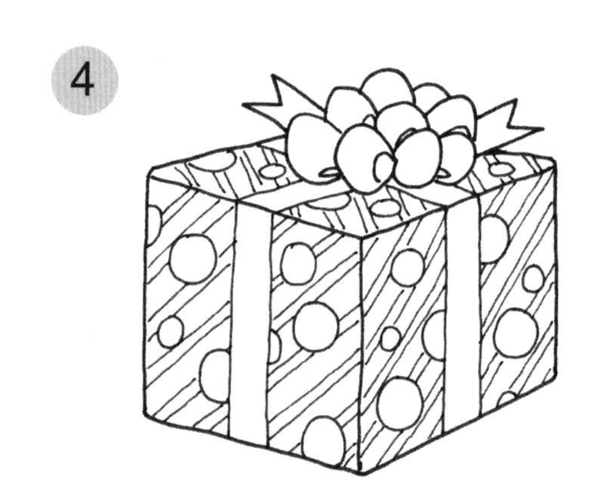

□ zhè shì yì běn shū
這是一本書。

□ zhè shì yí fèn lǐ wù
這是一份禮物。

• 認字：is、am、are

日期：

請把正確的字詞填在橫線上。

am are is

He ____ a clown.

I ____ a boy.

They ____ singing.

It ____ a deer.

日期：

請把正確的答案填在 □ 內。

1 + 2 + 1 = □

  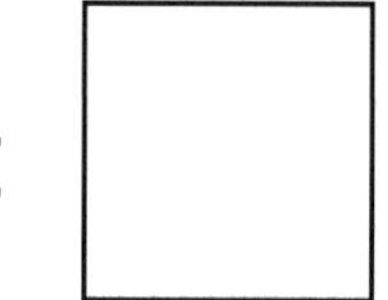

2 + 3 + 2 = □

4 + □ + □ = □

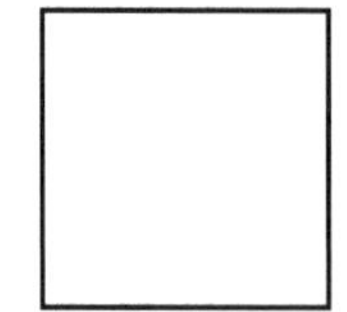  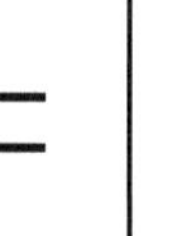

  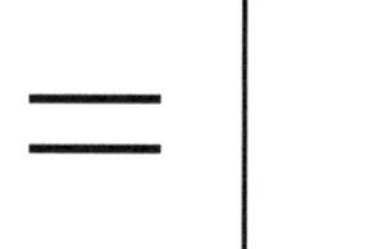

3 + □ + □ = □

- 認識取暖的方法
- 認識暖爐

日期：

天氣冷了，我們會用什麼方法取暖呢？請在正確圖畫的 □ 內填上 ✓。

STEAM UP 小學堂

暖爐有不同的種類：充油式、輻射式和對流式等，產生熱的方式各有不同。對流式暖爐運作原理是暖爐抽入空氣，再加熱，釋出暖氣，暖氣會自然地向上流並慢慢循環至整個房間。充油式暖爐是在通電後加熱，使內部的液態油產生熱能，再透過空氣循環將熱量帶出，令周圍變暖。輻射式電暖爐通常配備發熱管或發熱線，背後多有反射鏡集中光熱，產生類似陽光照射般的溫暖。現今人們多用暖風機，機內有發熱線，加熱後釋出暖氣，再靠風扇將暖氣吹出，原理就像風扇一樣呢！

藝術

- 製作聖誕裝飾
- 學習利用廢物

日期：

請跟着以下步驟製作聖誕裝飾。

材料：
一些金粉亮片、一個塑膠玩具、強力膠水、一個小玻璃瓶

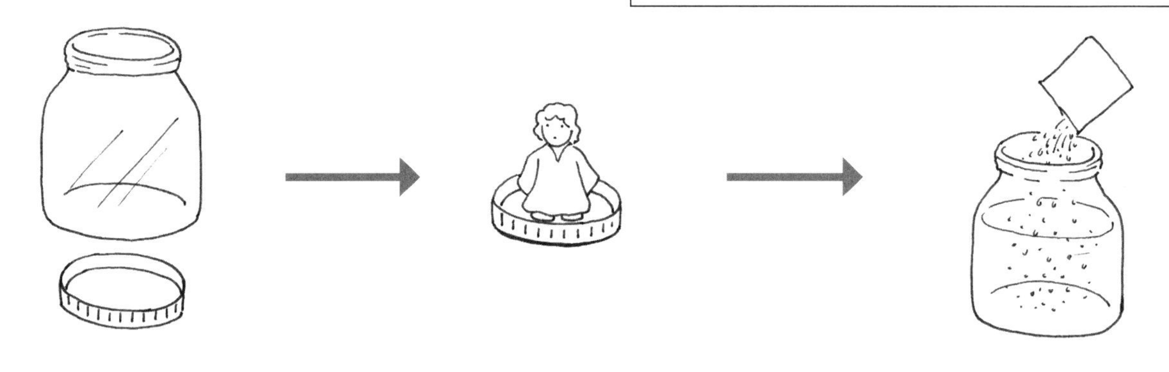

1 把瓶子清潔乾淨。

2 把塑膠玩具用強力膠水貼在瓶蓋上。

3 倒一些水在瓶子裏，然後放進一些金粉亮片。

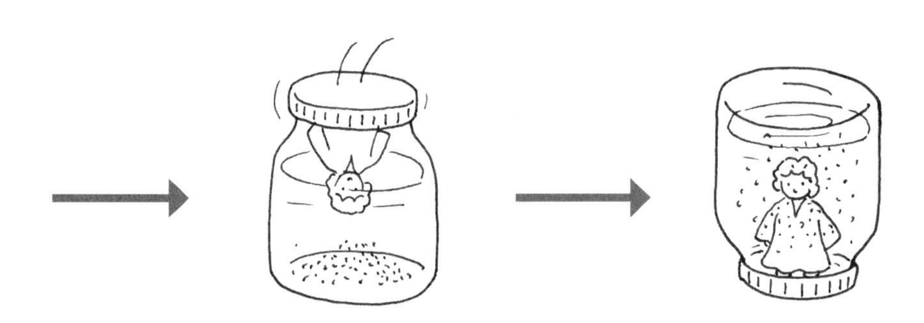

4 扭上瓶蓋。

5 把瓶子倒轉，輕輕搖晃，你看見閃亮亮的金粉在浮動嗎？

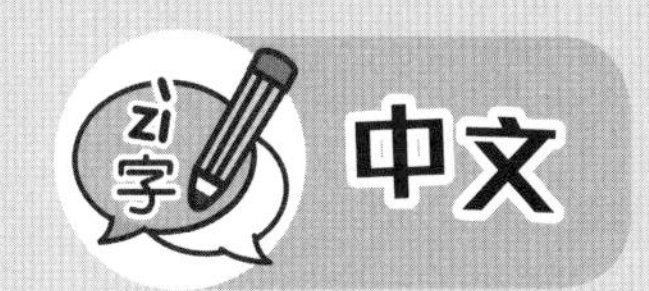

• 認識食物的名稱

日期：

請把與食物名稱相配的圖畫填上顏色，然後掃描二維碼，跟着唸一唸字詞。

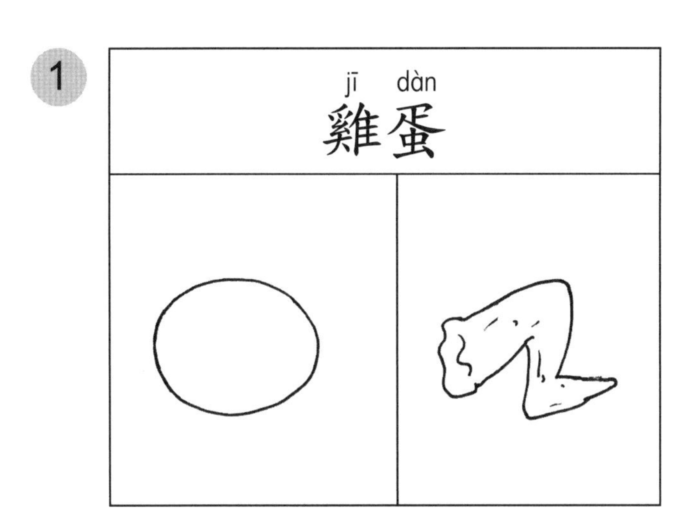

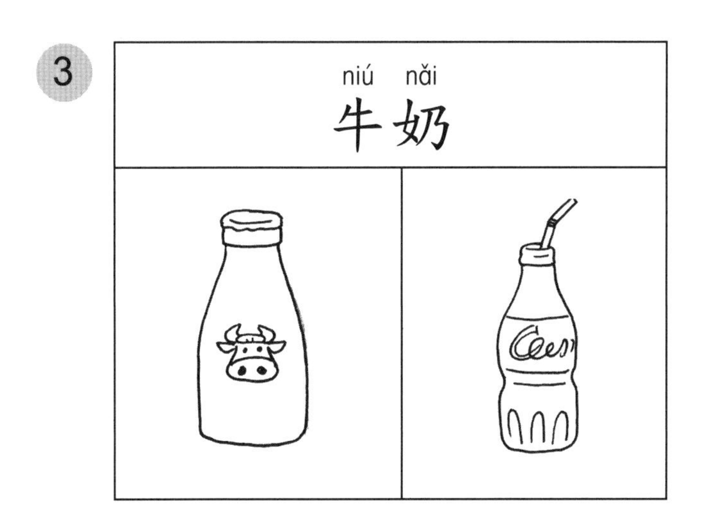

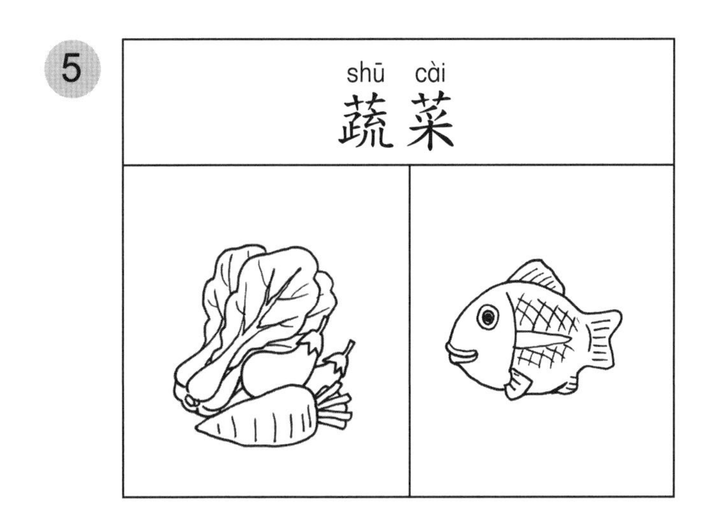

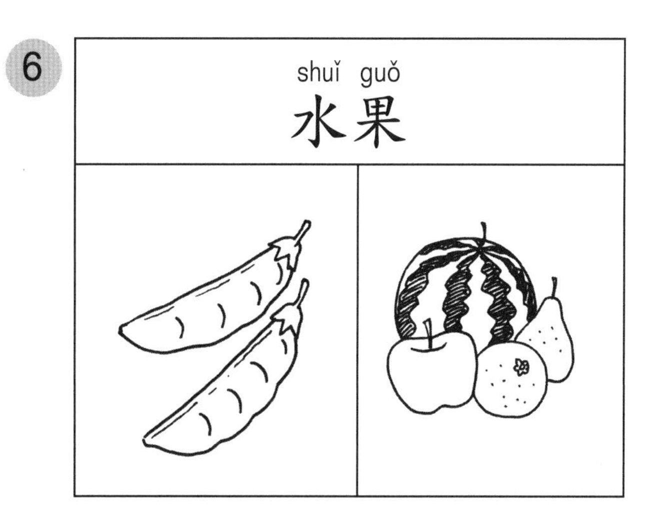

• 句子運用：……都愛……

日期：

請依照例句，改寫句子，然後掃描二維碼，跟着唸一唸句子。

xiǎo xīn ài chī táng guǒ　xiǎo yǎ ài chī táng guǒ
例：小新愛吃糖果。小雅愛吃糖果。

xiǎo xīn hé xiǎo yǎ dōu ài chī táng guǒ
小新和小雅都愛吃糖果。

xiǎo míng ài chī xī guā　xiǎo měi ài chī xī guā
1 小明愛吃西瓜。小美愛吃西瓜。

____

xiǎo qiáng ài hē niú nǎi　xiǎo fāng ài hē niú nǎi
2 小強愛喝牛奶。小芳愛喝牛奶。

____

xiǎo liàng ài chī jī dàn　xiǎo yǒng ài chī jī dàn
3 小亮愛吃雞蛋。小詠愛吃雞蛋。

____

• 認識食物的名稱

日期：

請看看圖畫，然後在方格內填上正確的英文字母，完成填字遊戲。

jam juice pizza cake bread carrot

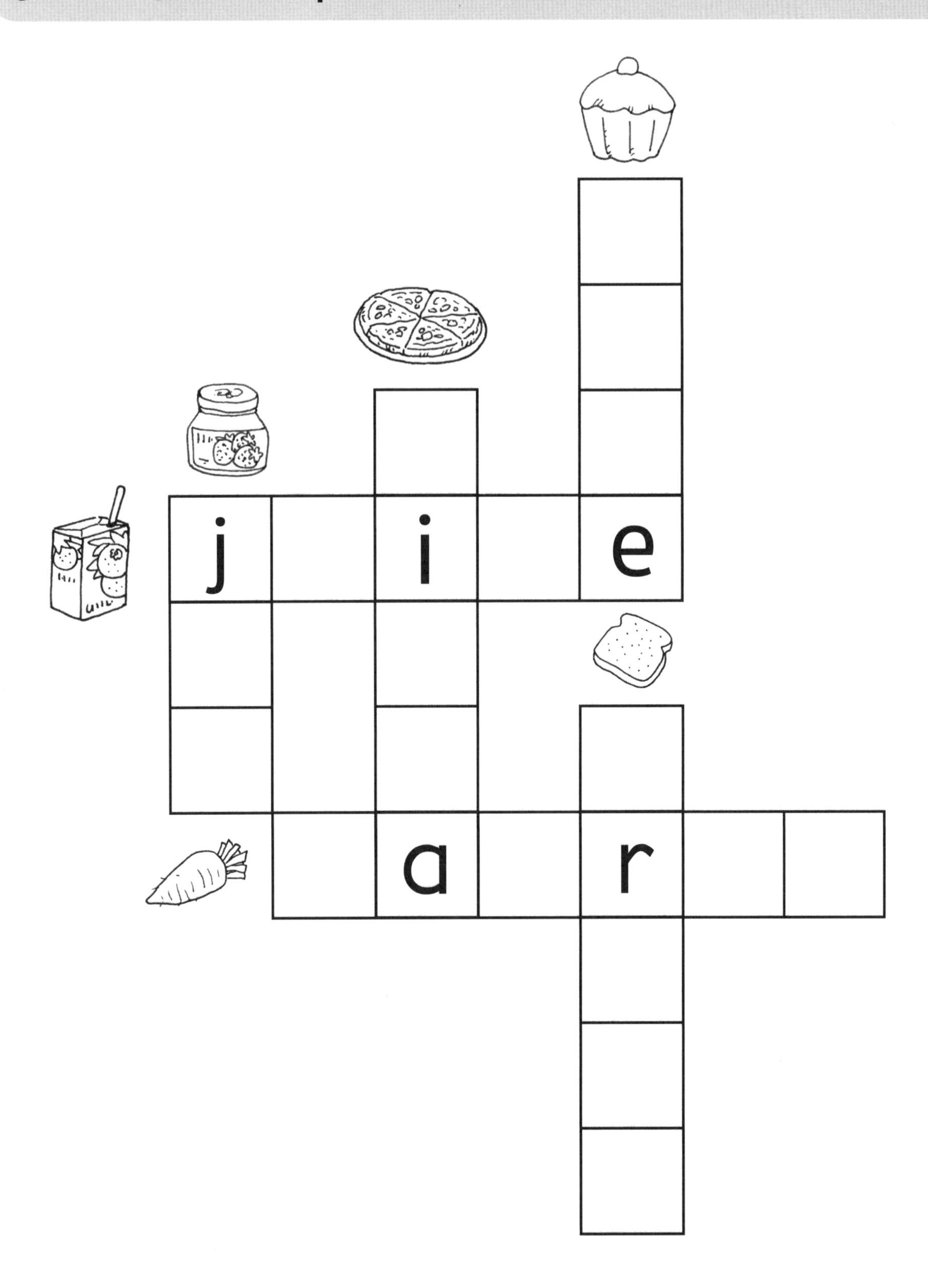

請把正確的答案填在 ⬚ 內。

3 元 5 角

5 元

4 元

10 元

請從貼紙頁選取正確的錢幣貼紙，貼在 ⬚ 內。

• 認識食品的標籤

日期：

哪一些食品已經過期了？在 ☐ 內填上 ✗。

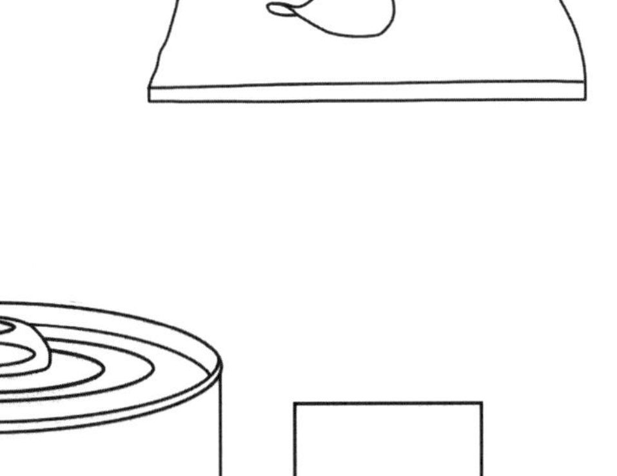

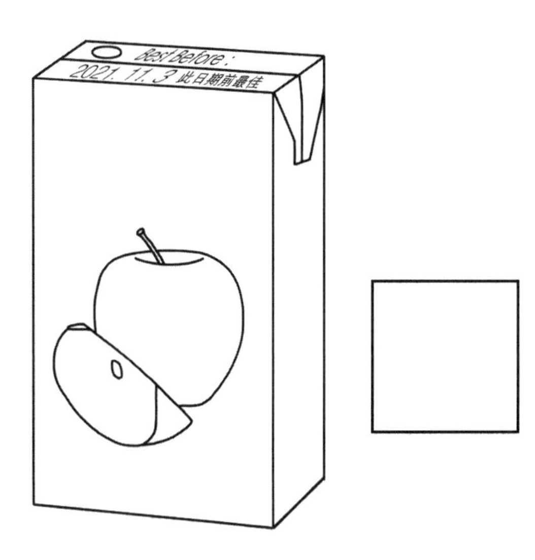

• 剪貼畫

日期：

小朋友，今天你要準備一頓豐富的晚餐。請你在雜誌上搜集食物的圖片，然後貼在下面空白的地方，最後畫上餐具。

• 辨別同音字

日期：

請把正確的字詞圈起來，然後掃描二維碼，跟着唸一唸句子。

1

chūn tiān lái le qīng qīng cǎo zhǎng

春天來了，（青／清）草長。

2

mì fēng fēng zài huā jiān cǎi huā mì

蜜（蜂／風）在花間採花蜜。

3

hú dié dié zài huā jiān fēi wǔ

蝴（碟／蝶）在花間飛舞。

4

qīng wā zài chí táng táng biān jiào

青蛙在池（糖／塘）邊叫。

5

gōng yuán yuán li kāi mǎn huā duǒ

公（圓／園）裏開滿花朵。

6

xiǎo niǎo zài shù shang chàng gē gē

小鳥在樹上唱（歌／哥）。

• 配詞練習

日期：

請把正確的字詞填在 ☐ 內，然後掃描二維碼，跟着唸一唸字詞。

fēng 風	hú 蝴	chūn 春	fēng 蜂
hóng 紅	wā 蛙	nián 年	huā 花

1  mì 蜜  ☐

2  ☐ duǒ 朵

3  qīng 青 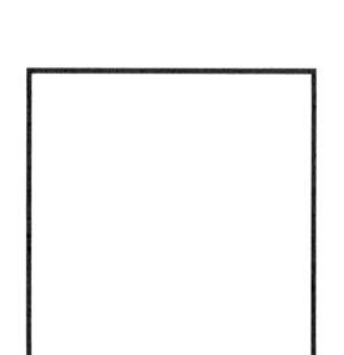 ☐

4  ☐ dié 蝶

5 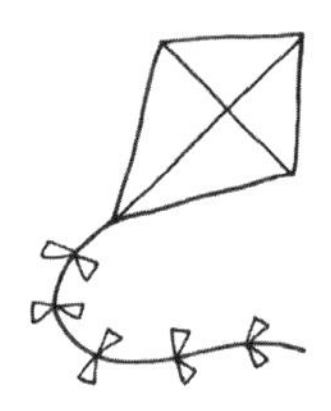 ☐ zheng 箏

6  bài 拜 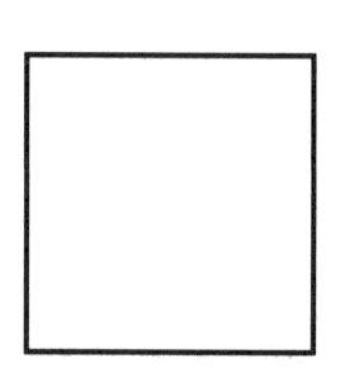 ☐

7 學業進步 福 恭喜發財  ☐ lián 聯

8 福 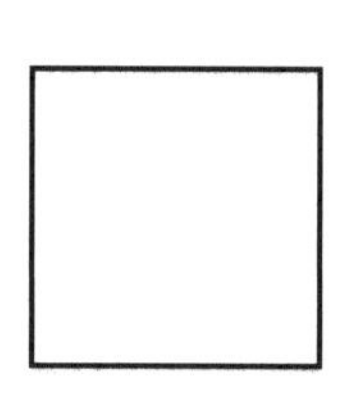 ☐ fēng bāo 封包

日期：

請把正確的字詞填在橫線上。

butterfly bee flower tree frog

I see a ________________ .  

I see a ________________ .  

I see a ________________ .  

I see a ________________ .  

I see a ________________ . 

• 温習單數和雙數

日期：

請數一數花朵的數量，把正確的數字填在 ▭ 內，然後把單數的花朵填上黃色、雙數的花朵填上紫色。

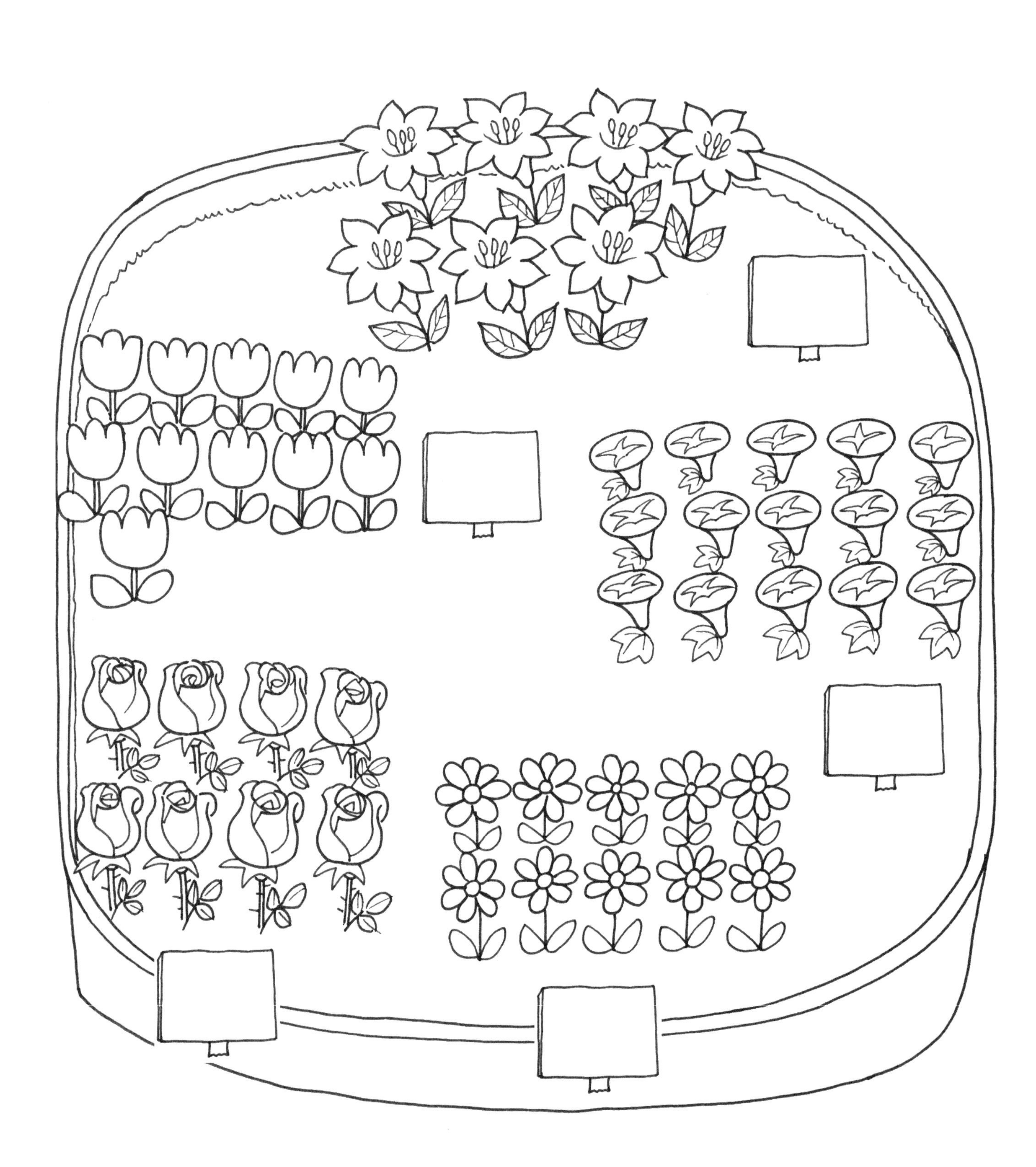

- 認識樹木的用途
- 認識年輪

日期：

你知道什麼東西是用木造嗎？把它們圈起來。

STEAM UP 小學堂

在樹木的橫斷面上，我們可以發現一圈一圈的年輪。年輪的排列是一圈寬一圈窄，這是因為季節變化，樹木的生長速度受季節變化的影響而有所不同。春夏季生長得比較快，年輪寬顏色淺，秋冬季生長慢，年輪窄顏色深。種植樹木有助對抗氣候變化，因為植物能吸收空氣中的二氧化碳。大量砍伐樹木會讓我們失去消除二氧化碳的好幫手，亦不環保。因此我們要好好愛護樹木啊！

日期：

小朋友，請預備一張畫紙、一根吸管和一盒水彩，然後跟着以下步驟畫桃花。

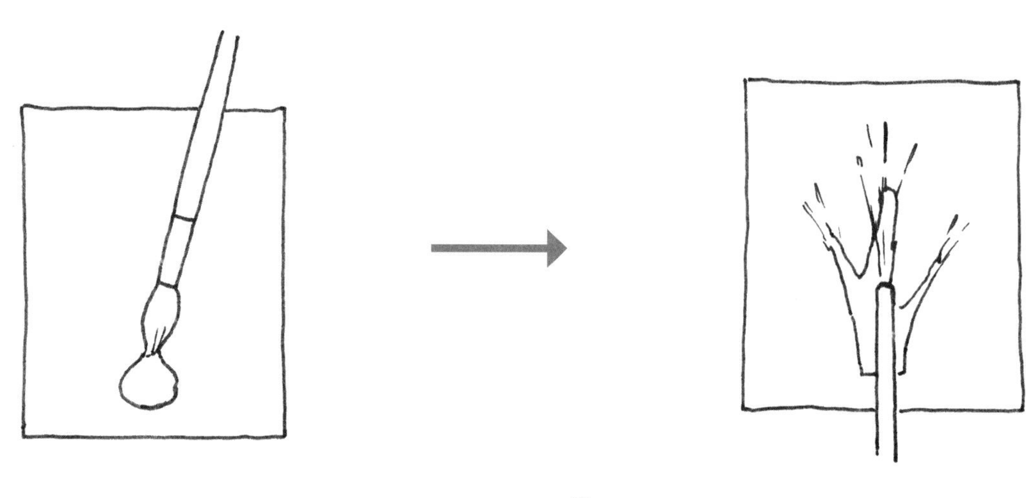

1 把啡色水彩滴在畫紙的底部。

2 用吸管把水彩向上吹散，做成樹枝的效果。

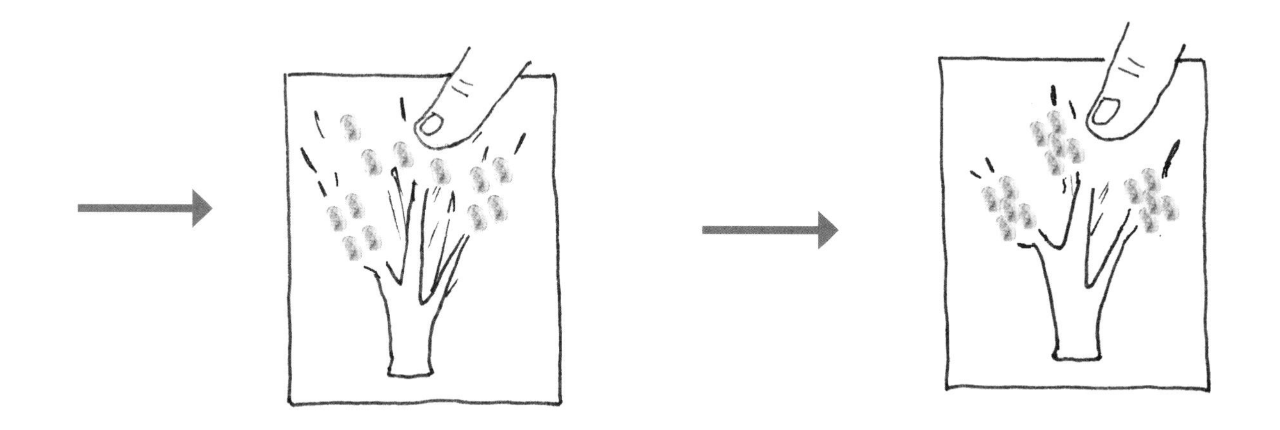

3 用手指沾上紅色或粉紅色的水彩，然後印在樹枝上作花瓣。

4 用手指沾上黃色的水彩，然後印在花瓣中間作花蕊，一棵美麗的桃花便完成了。

• 認字：拜年、紅封包、糖果、禮物

日期：

請把正確的字詞填在橫線上，然後掃描二維碼，跟着唸一唸。

bài nián	hóng fēng bāo	táng guǒ	lǐ wù
拜年	紅封包	糖果	禮物

nóng lì nián chū yī，wǒ men dài le yí fèn

農曆年初一，我們帶了一份 ＿＿＿＿＿＿ 

dào zǔ fù hé zǔ mǔ jiā li

到祖父和祖母家裏  ＿＿＿＿＿＿。

zǔ fù pài ... gěi wǒ men，zǔ mǔ

祖父派 ＿＿＿＿＿＿＿＿＿＿ 給我們，祖母

ná ... gěi wǒ men chī，wǒ men jīn tiān zhēn gāo xìng a

拿 ＿＿＿＿＿＿ 給我們吃，我們今天真高興啊！

• 句子練習

日期：

哪一句句子是跟圖畫相配的？請在正確句子旁的 □ 內填上 ✓，然後掃描二維碼，跟着唸一唸句子。

1

□ hú dié zài huā jiān fēi wǔ
蝴蝶在花間飛舞。

□ mì fēng zài huā jiān cǎi huā mì
蜜蜂在花間採花蜜。

2

□ xiǎo kē dǒu zhǎng dà le biàn qīng wā
小蝌蚪長大了變青蛙。

□ máo chóng zhǎng dà le biàn hú dié
毛蟲長大了變蝴蝶。

3

□ xiǎo hóu zi zài pá shù
小猴子在爬樹。

□ xiǎo niǎo zài shù shang chàng gē
小鳥在樹上唱歌。

4

□ xià tiān dào tiān qì rè
夏天到，天氣熱。

□ xīn nián dào chuān xīn yī
新年到，穿新衣。

5

□ wǒ men yì qǐ kàn yān huā
我們一起看煙花。

□ wǒ men yì qǐ qù yóu yǒng
我們一起去游泳。

• 温習數字的英文名稱

日期：

請把正確的字詞填在橫線上。

one two three four five six seven eight nine ten

1. There are ________ litterbins in the park.
2. There are ________ frogs in the park.
3. There are ________ fishes in the park.
4. There are ________ fountain in the park.
5. There are ________ ladybirds in the park.
6. There are ________ trees in the park.
7. There are ________ bees in the park.
8. There are ________ flowers in the park.
9. There are ________ children in the park.
10. There are ________ birds in the park.

請把正確的數字填在 □ 內。

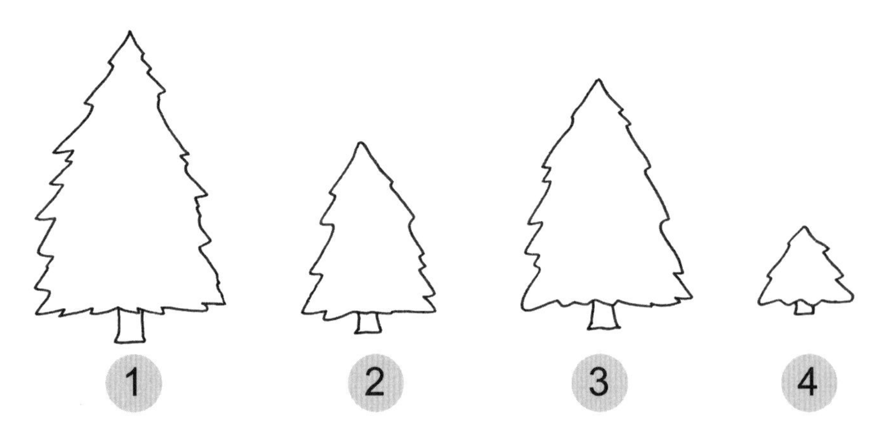

由矮至高的次序是：

4 □ □ □

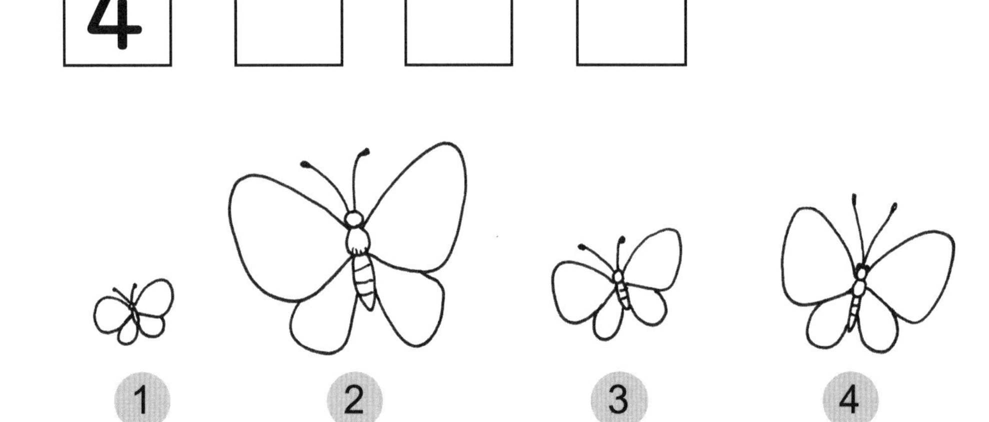

由小至大的次序是：

1 □ □ □

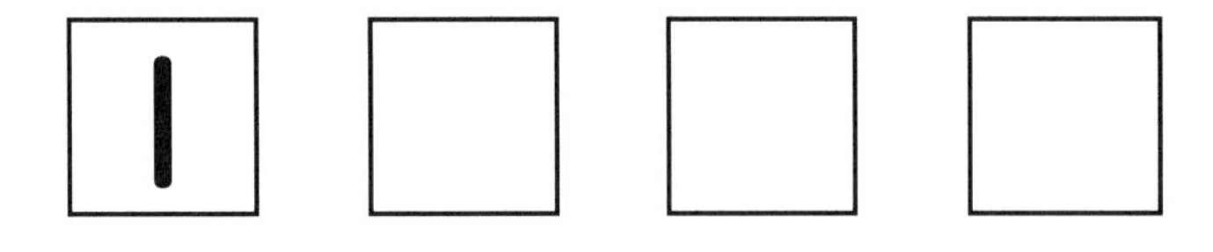
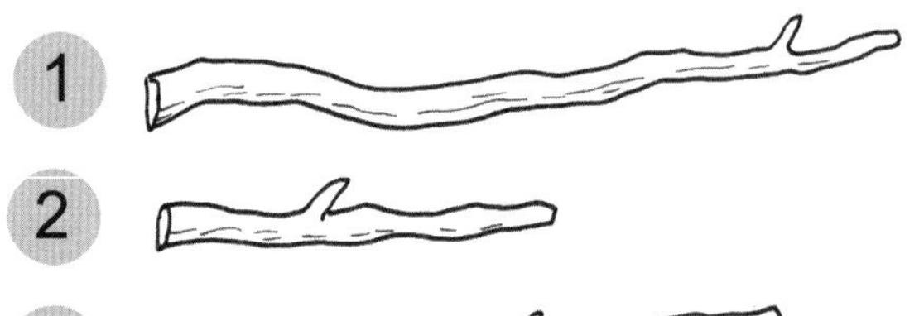
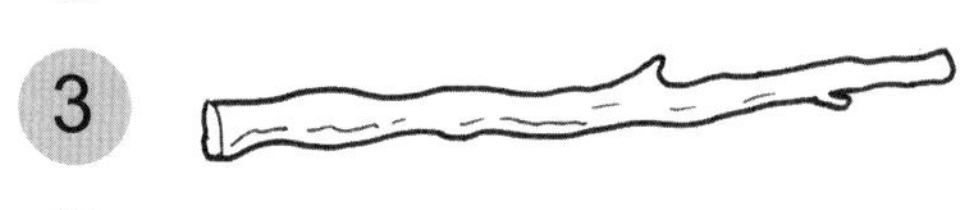

由短至長的次序是：

□ □ □ □

• 認識蠶和雞的成長過程

日期：

請按蠶的成長過程，在 □ 內順序寫上 1、2、3、4。

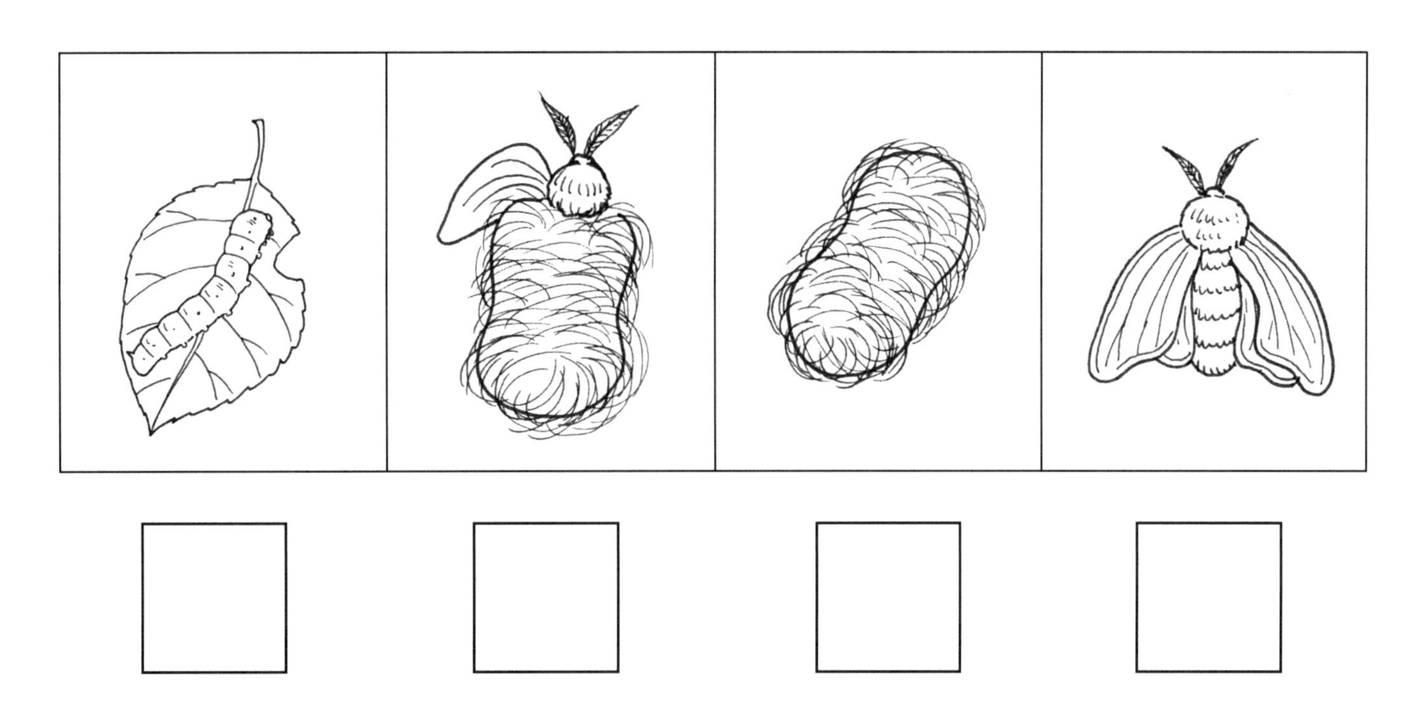

請按雞的成長過程，從貼紙頁選取正確的貼紙，順序貼在空格內。

1	2	3	4

藝術

- 設計蝴蝶翅膀的圖案
- 認識蝴蝶的鱗片

日期：

小朋友，請替蝴蝶畫上美麗的圖案，然後把牠填上顏色。

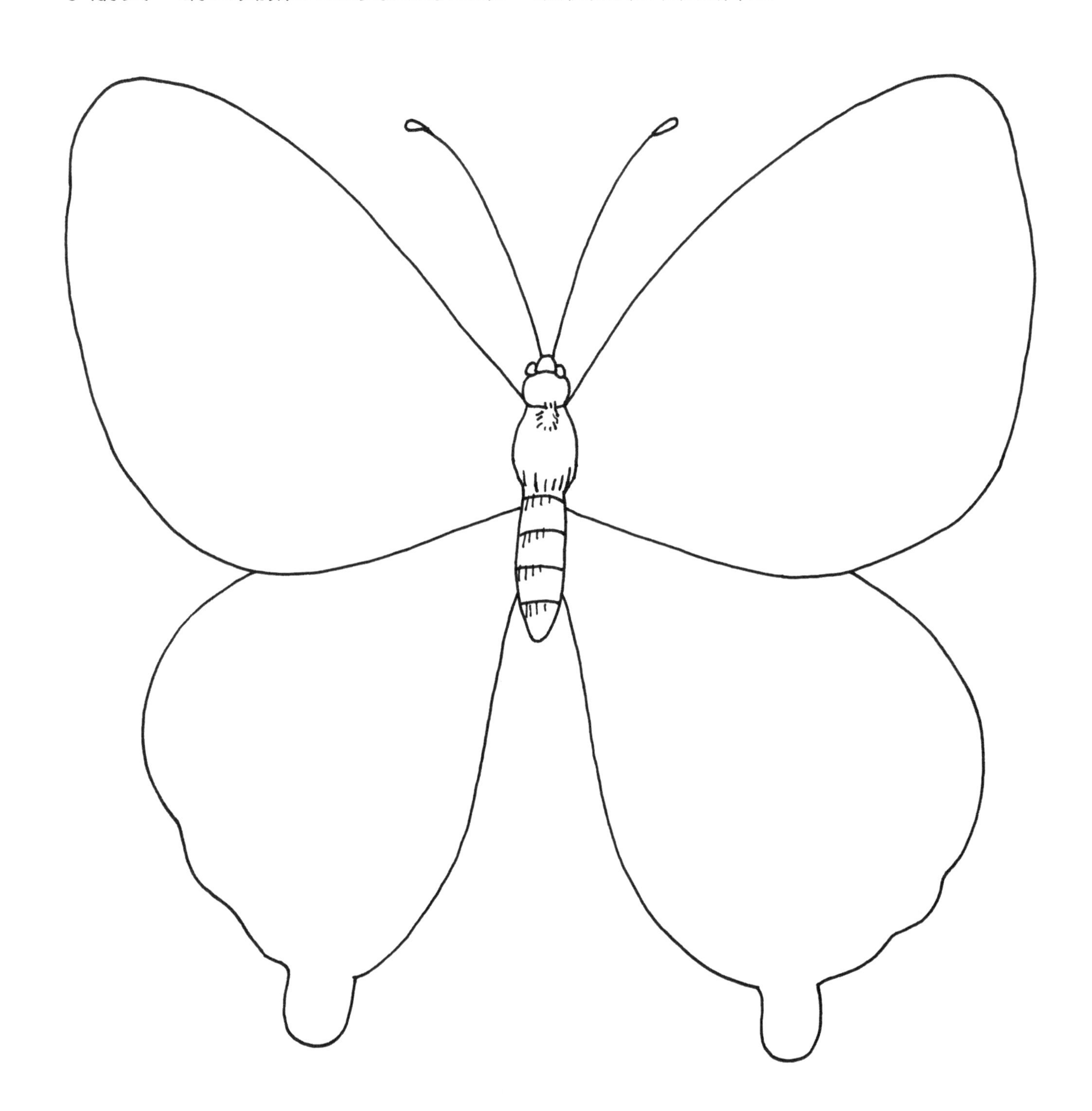

STEAM UP 小學堂

蝴蝶的身體由頭、胸、腹三部分組成，而胸部長有兩對翅膀。前翅多比後翅大，而且滿布粗紋和細小的鱗片。這些鱗片能夠形成蝴蝶翅膀的顏色。當中可以分成兩大類，一類為化學色，來自鱗片本身的色素；另一類是結構色，就是當鱗片被光線照射時，光學現象令蝴蝶翅膀展現美麗多彩的色澤。

• 認識交通工具的名稱

日期：

請從貼紙頁選取正確的字詞貼紙，貼在 ⬚ 內，然後掃描二維碼，跟着唸一唸字詞。

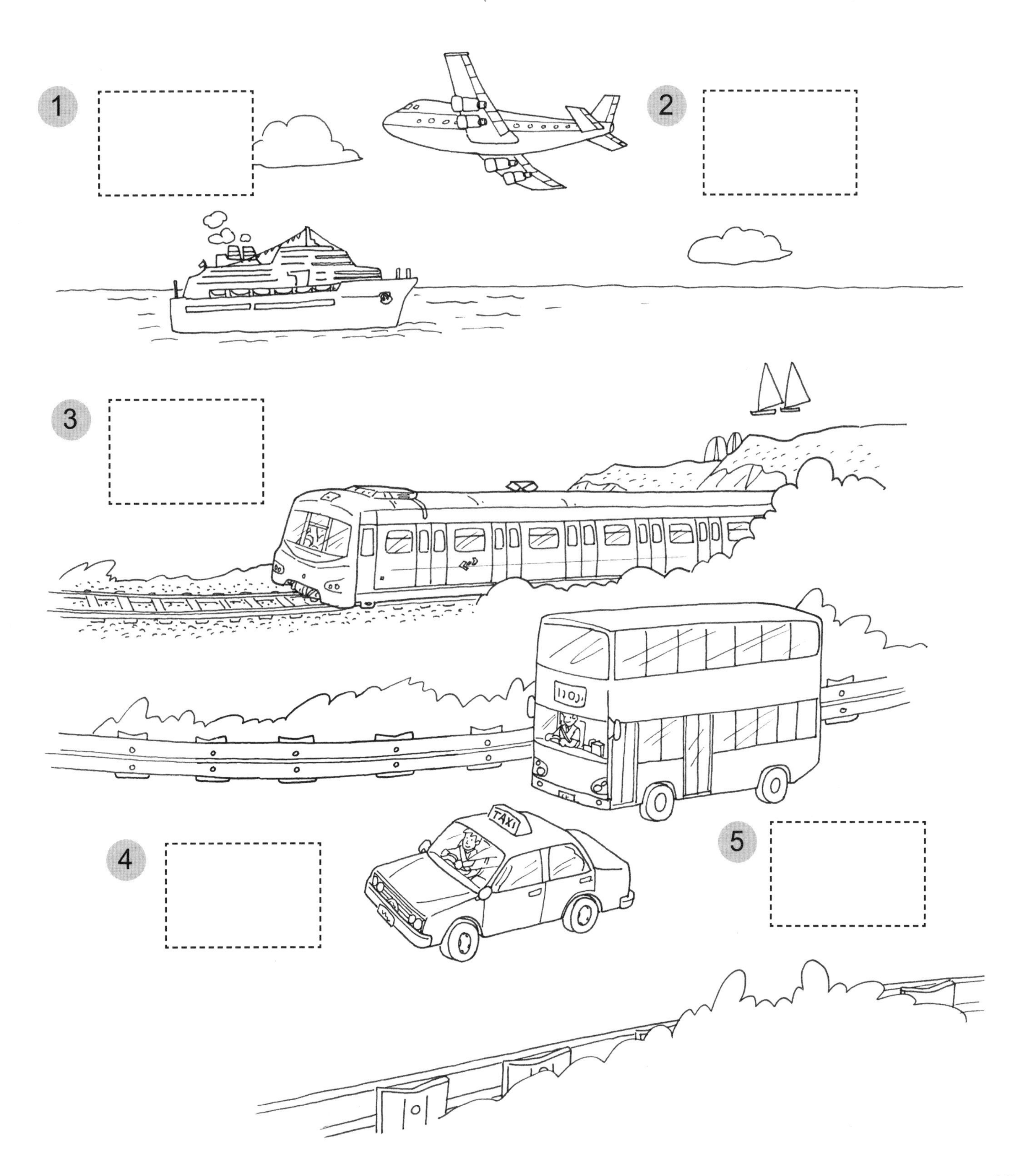

• 擴寫句子

日期：

請依照例句，擴寫句子，然後掃描二維碼，跟着唸一唸句子。

例 媽媽到外婆家。（乘巴士）
(mā ma dào wài pó jiā. chéng bā shì)

媽媽乘巴士到外婆家。
(mā ma chéng bā shì dào wài pó jiā)

1 爸爸到中環上班。（乘渡海小輪）
(bà ba dào zhōng huán shàng bān. chéng dù hǎi xiǎo lún)

爸爸＿＿＿＿＿＿＿＿到中環上班。
(bà ba … dào zhōng huán shàng bān)

2 弟弟到學校上學。（乘校車）
(dì di dào xué xiào shàng xué. chéng xiào chē)

弟弟＿＿＿＿＿＿＿＿＿＿＿＿＿＿＿＿
(dì di)

3 我們到日本旅行。（乘飛機）
(wǒ men dào rì běn lǚ xíng. chéng fēi jī)

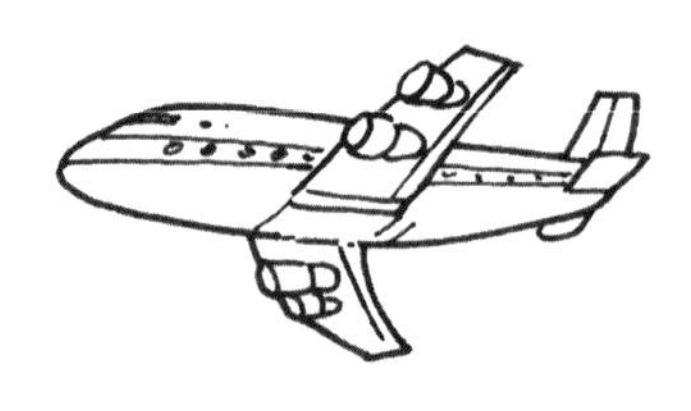

我們＿＿＿＿＿＿＿＿＿＿＿＿＿＿＿＿
(wǒ men)

• 認識交通設施的名稱

日期：

請從貼紙頁選取正確的字詞貼紙，貼在 ☐ 內。

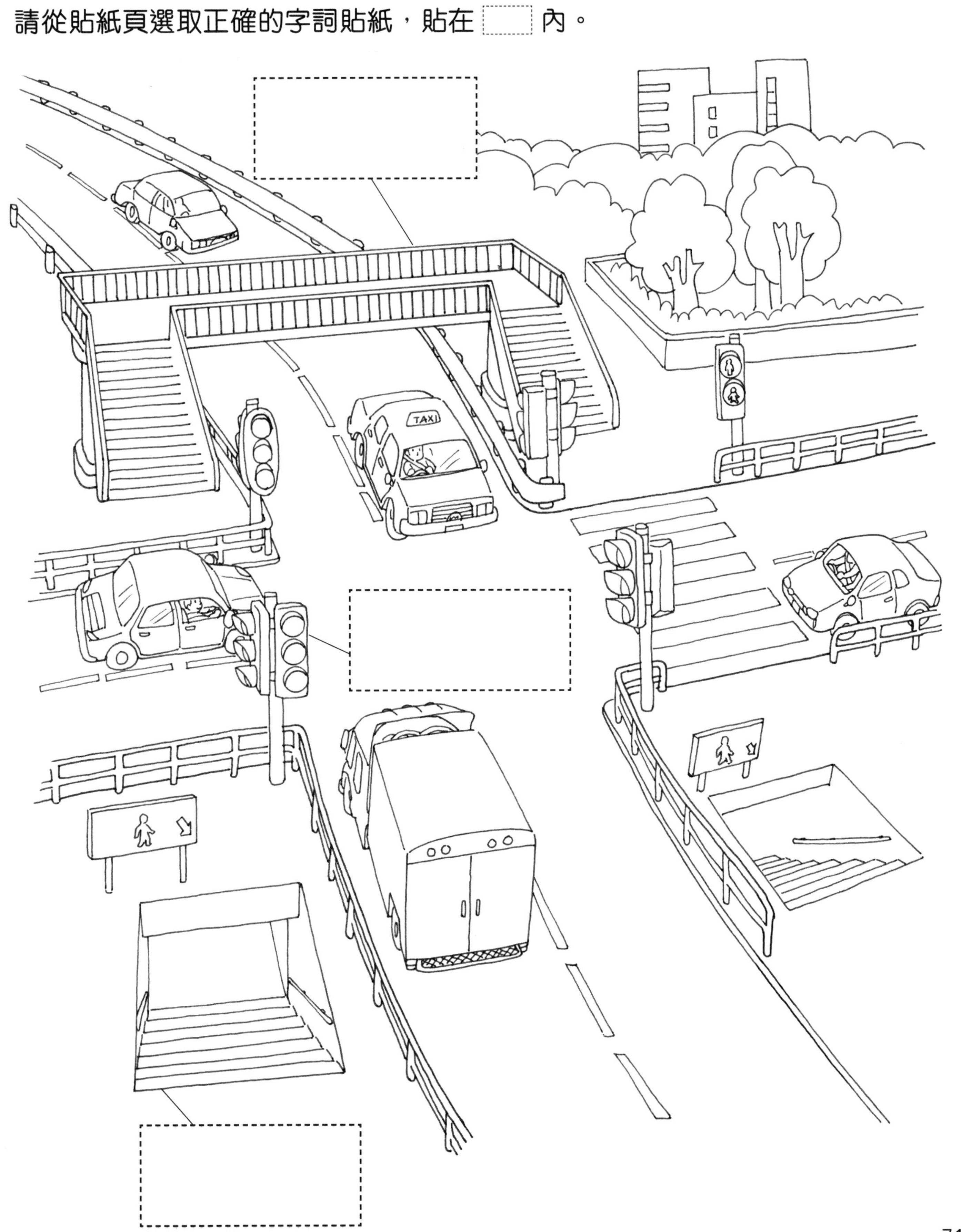

請把正確的答案填在橫線上。

停車場裏有 3 架汽車，後來有______架汽車進入，現在有______架汽車。

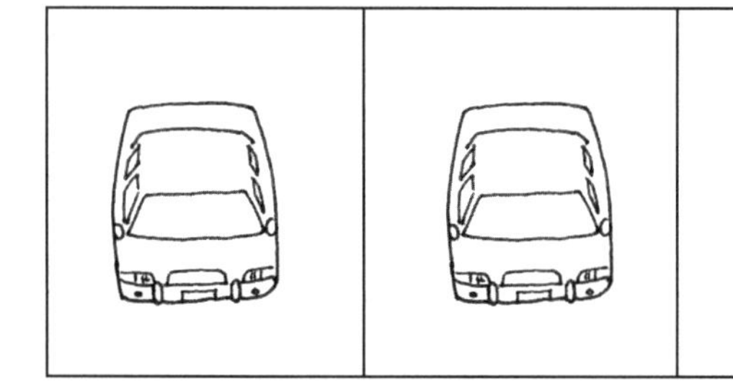

$3 + 2 =$ ______

$$\begin{array}{r} 3 \\ +\ 2 \\ \hline \end{array}$$

碼頭停泊了 4 艘船，後來有______艘船進入，現在共有______艘船。

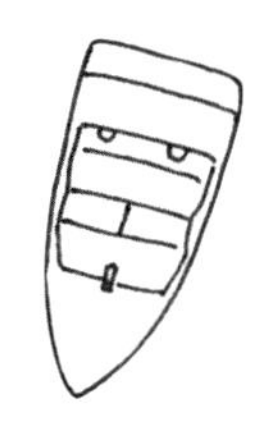

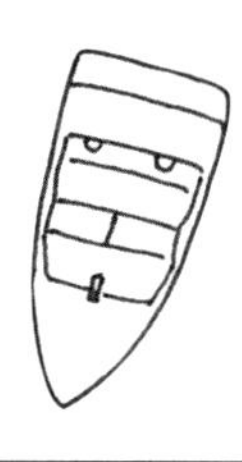

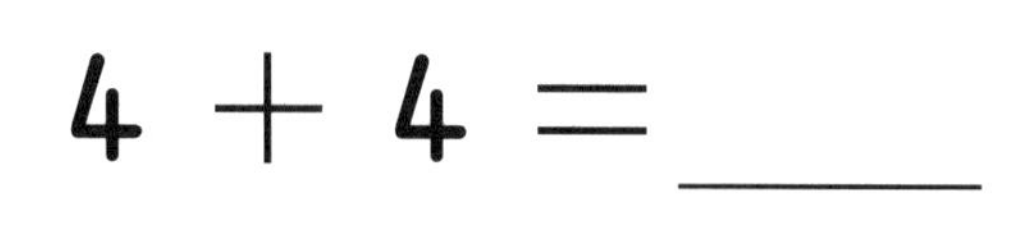

$4 + 4 =$ ______

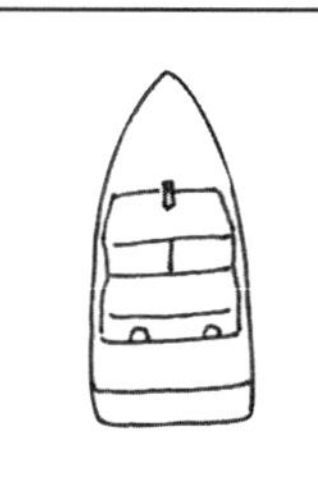

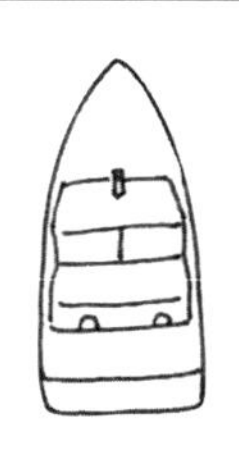

$$\begin{array}{r} 4 \\ +\ 4 \\ \hline \end{array}$$

● 認識船的動力

日期：

下面的船用什麼動力推動呢？請從貼紙頁選取正確的貼紙，貼在 ⬚ 內。

人力

風力

機器

小朋友，請你用手工紙剪出不同的形狀，然後拼出不同的交通工具。

例：

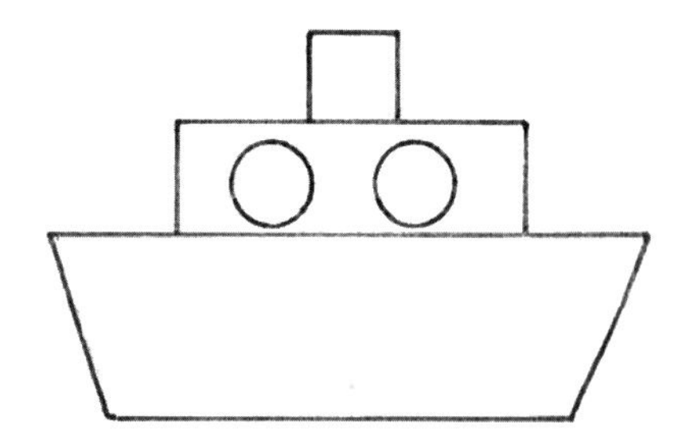

• 認識動物的名稱

日期：

請從貼紙頁選取正確的動物貼紙，貼在 ⬚ 內，然後掃描二維碼，跟着唸一唸字詞。

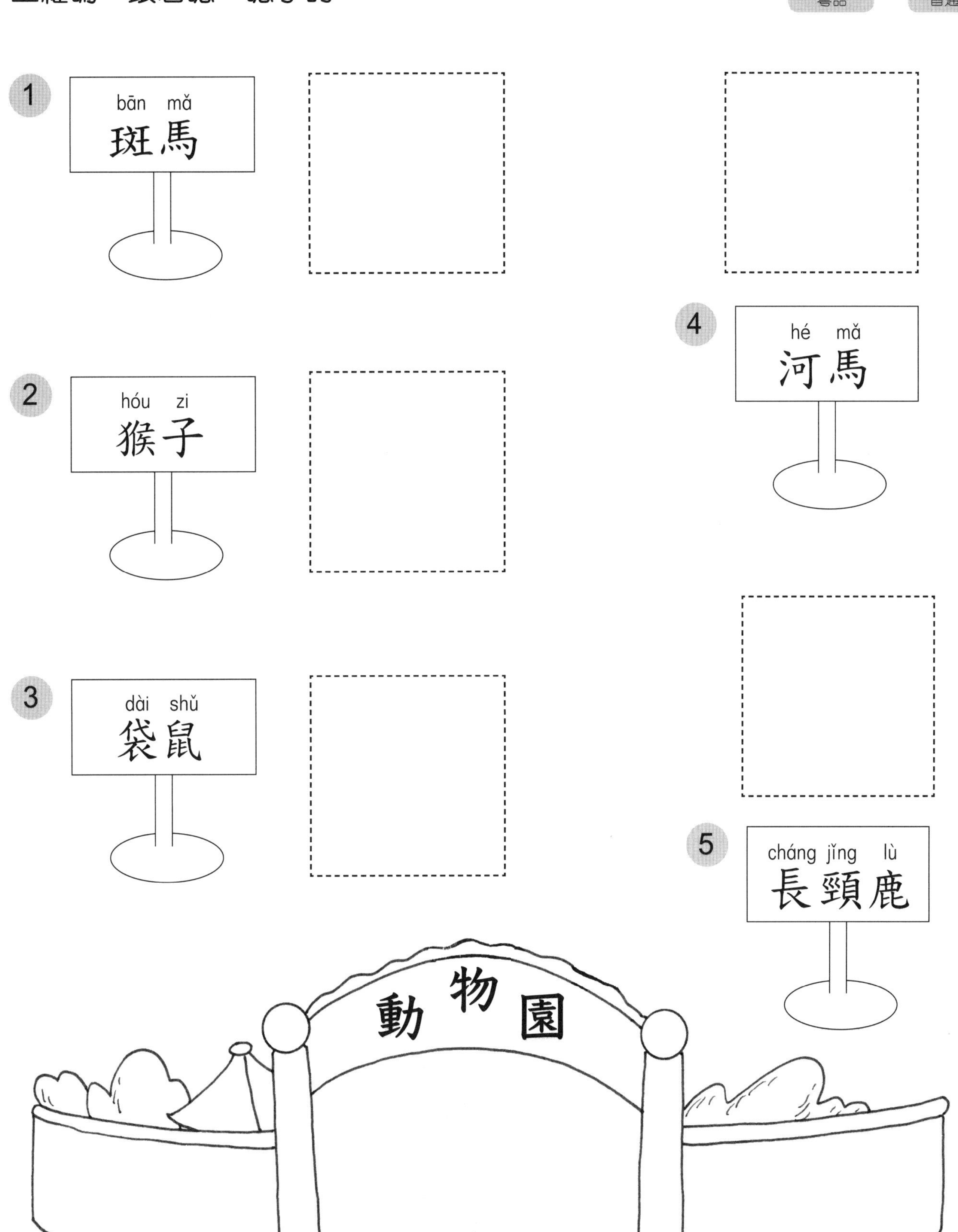

- 認識形容詞
- 句子練習

日期：

請把正確的詞語圈起來，然後掃描二維碼，跟着唸一唸句子。

1

wū guī zǒu de hěn kuài màn
烏龜走得很（快／慢）。

2

cháng jǐng lù de bó zi hěn cháng duǎn
長頸鹿的脖子很（長／短）。

3

lǎo hǔ shì shàn liáng xiōng měng de dòng wù
老虎是（善良／兇猛）的動物。

4

dà xiàng de shēn tǐ hěn páng dà xì xiǎo
大象的身體很（龐大／細小）。

5

hóu zi de dòng zuò shí fēn huǎn màn líng huó
猴子的動作十分（緩慢／靈活）。

英文

• 認識動物的名稱

日期：

請重組英文字母，然後把正確的英文字母填在橫線上。

例：

l o n i

l i o n

a p d n a

p _ n _ a

r i t e g

t _ g _ r

k e m n y o

m _ n _ _ y

請在正確答案的 □ 內填上 ✓。

哪一隻動物較重？

哪一隻動物較高？

哪一種動物較多？

哪一隻動物跑得較快？

請觀察小圖中動物的嘴巴，然後把嘴巴跟相配的動物用線連起來。

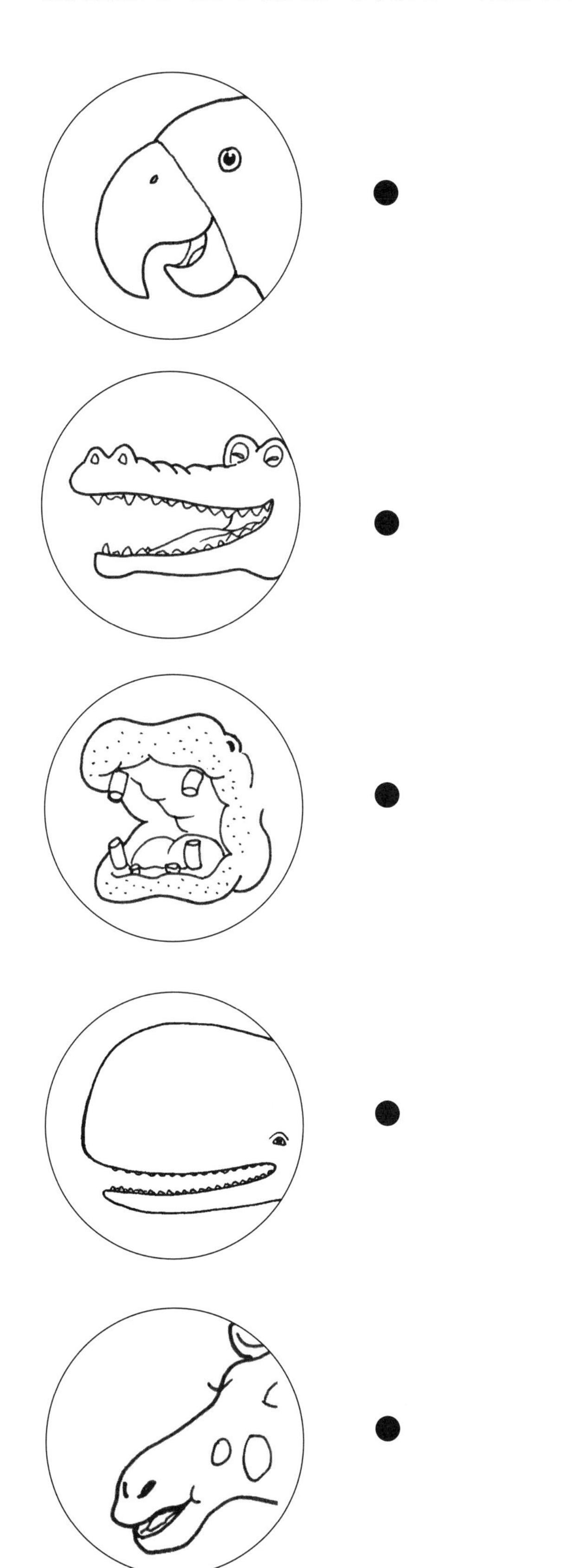

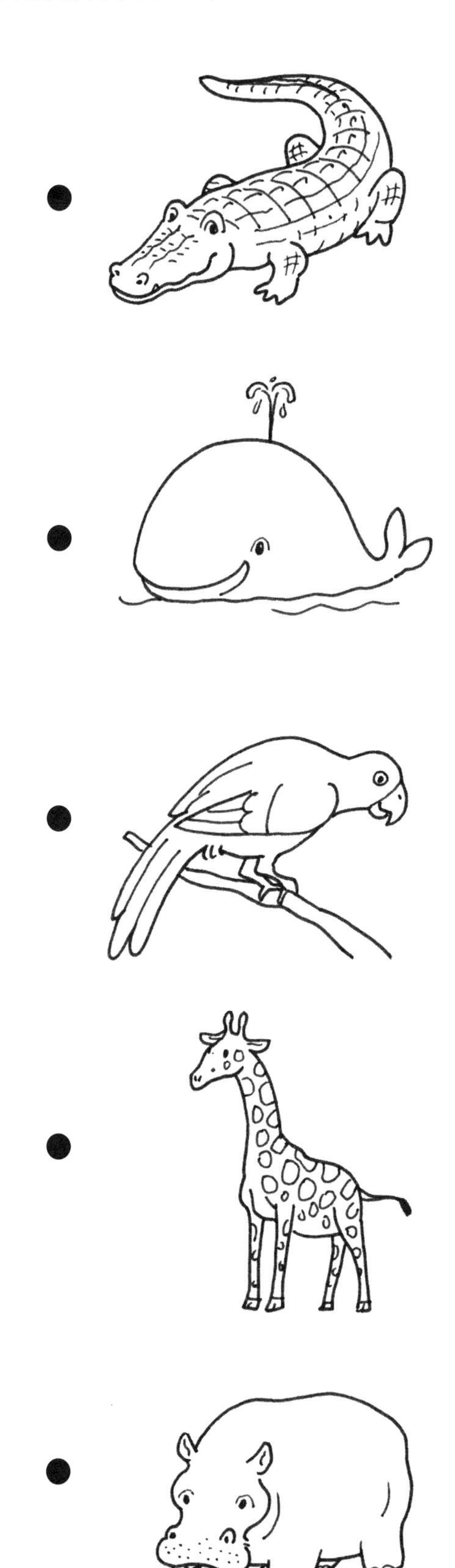

小朋友，請找一張手工紙，然後跟着以下步驟摺出一隻兔子。

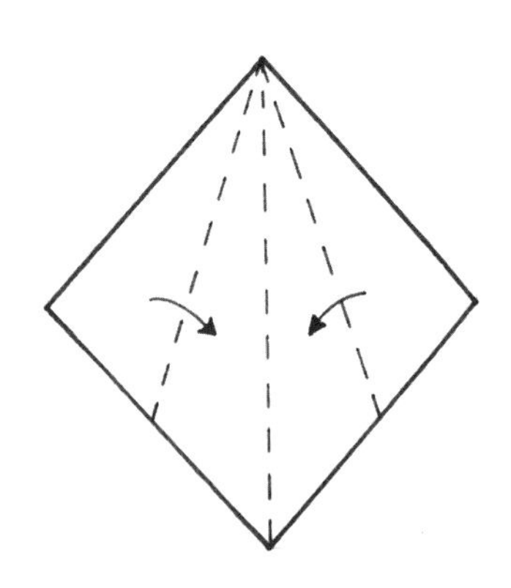

1 兩角摺向中線。

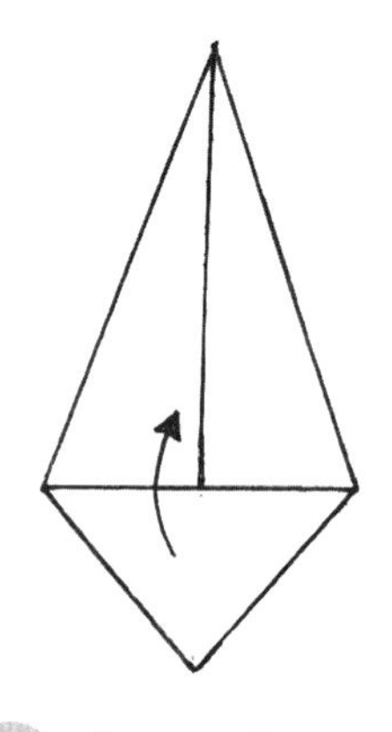

2 向上摺。

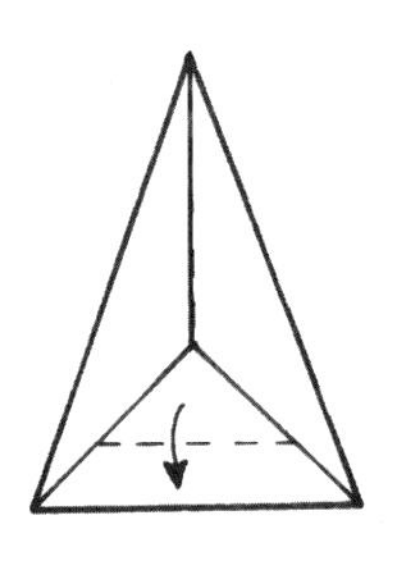

3 沿虛線向下摺。

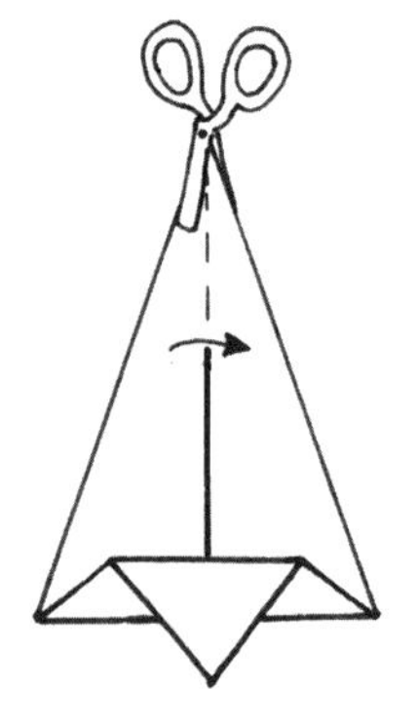

4 沿虛線剪開，然後對摺。

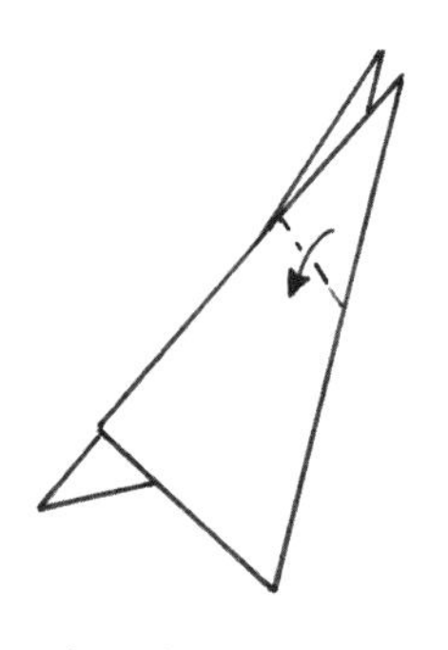

5 沿虛線向後摺。

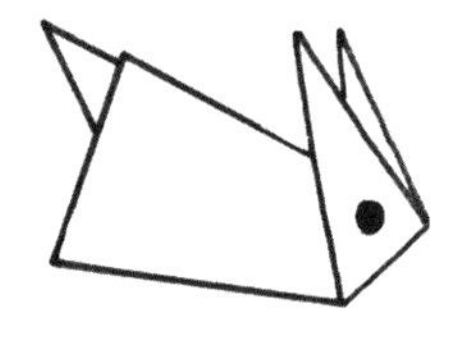

6 畫上眼睛，並塗上紅色，一隻可愛的兔子就完成了！

STEAM UP 小學堂

兔子的眼睛為什麼是紅色的呢？那是因為兔子的眼睛本身是透明的，而我們所看到的紅色，實際上是牠們眼球內的血液顏色。

• 認識香港名勝的名稱

日期：

請從貼紙頁選取正確的字詞貼紙，貼在 ▭ 內，然後掃描二維碼，跟着唸一唸字詞。

• 重組句子
• 句子運用：……有……

日期：

請把下面的字詞排列成通順的句子，然後掃描二維碼，跟着唸一唸句子。

例：有 / 海洋公園 / 裏 / 海豚 / 。
(yǒu / hǎi yáng gōng yuán / lǐ / hǎi tún)

海洋公園裏有海豚。
(hǎi yáng gōng yuán lǐ yǒu hǎi tún)

1. 裏 / 海洋館 / 有 / 鯨魚 / 。
(lǐ / hǎi yáng guǎn / yǒu / jīng yú)

____

2. 公園 / 花朵 / 裏 / 有 / 。
(gōng yuán / huā duǒ / lǐ / yǒu)

____

3. 裏 / 有 / 學校 / 學生 / 。
(lǐ / yǒu / xué xiào / xué shēng)

____

- 認識香港地區的名稱
- 句子運用：I live ...

日期：

請沿灰線填寫下面的句子。

Where do you live?

I live in the New Territories.

I live in Kowloon.

I live on Hong Kong Island.

請把正確的答案填在橫線上。

荷葉上有5隻青蛙，其中 ______ 隻跳進池塘裏，現在荷葉上剩下 ______ 隻青蛙。

$5 - 1 =$ ______

$$\begin{array}{r} 5 \\ -\ 1 \\ \hline \end{array}$$

巴士上有9位乘客，其中 ______ 位乘客下了車，現在剩下 ______ 位乘客。

$9 - 2 =$ ______

$$\begin{array}{r} 9 \\ -\ 2 \\ \hline \end{array}$$

• 認識不同類型的房屋

日期：

小朋友，你住在哪一類型的房屋呢？請把圖畫填上顏色。

- 設計大橋
- 認識橋的結構

日期：

小朋友，請你設計一座橋。

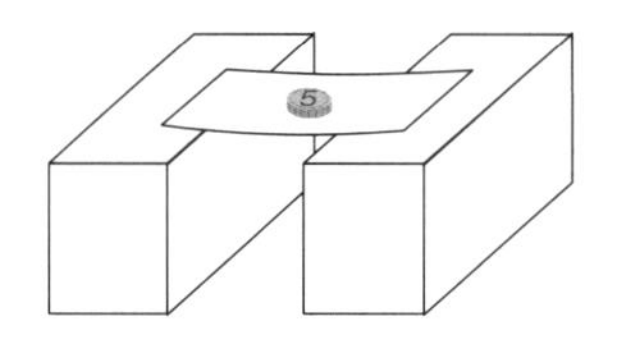

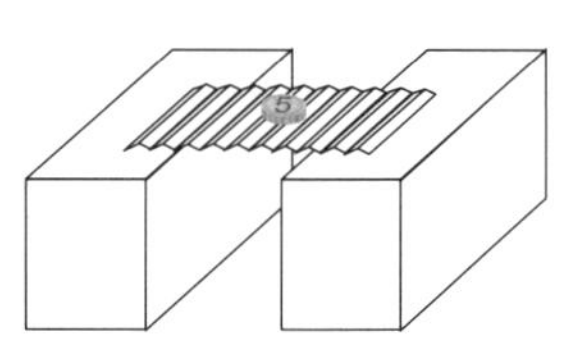

STEAM UP 小學堂

請爸媽給你兩張長方形的手工紙、兩個小盒子和一些硬幣。
把兩個小盒子作為橋墩，在兩盒之間放上一張長方形手工紙，當作「橋」。再在上面放硬幣，「橋」會怎樣呢？然後把另一張長方形手工紙用風琴式摺成波浪形，放在兩盒之間，再在上面放硬幣，這次「橋」會輕易地塌下來嗎？
原來物體能承受的重量，除了跟物體的材質、重量有關，還和形狀有關。波浪型的紙橋能承受比較大的重量，因為波浪型可以看作由很多個三角形組成的結構，那是其中一種最能承受重量的結構。

日期：

請在每個生字的左面寫上「氵」，看看可組成什麼字，然後掃描二維碼，跟着唸一唸字詞。

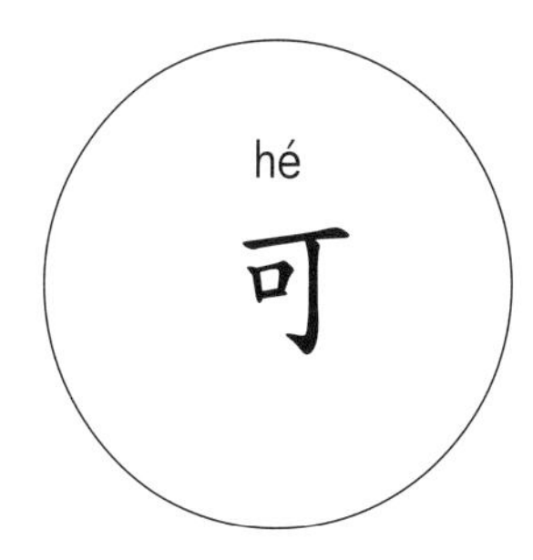

• 重組句子

日期：

請把下面的字詞排列成通順的句子，然後掃描二維碼，跟着唸一唸句子。

1

xǐ cài mā ma yòng shuǐ
洗菜 / 媽媽 / 用水

____。

2

yòng shuǐ jiù huǒ xiāo fáng yuán
用水 / 救火 / 消防員。

____。

3

yǔ shuǐ hé liú li luò zài
雨水 / 河流裏 / 落在

____。

4

yóu yǒng dào hǎi tān wǒ men
游泳 / 到海灘 / 我們

____。

英文

• 認字：cloud、ice、rain、river、sea、water

日期：

請在每行中找出跟圖畫相配的字詞，然後圈起來。

1

2
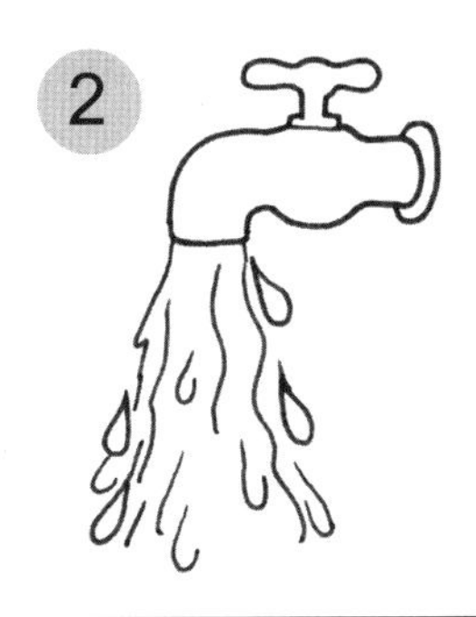

3

a	c	l	o	u	d	h
w	a	t	e	r	t	i
b	j	o	r	a	i	n
k	d	n	i	c	e	q
f	l	r	i	v	e	r
e	m	g	s	e	a	p

4
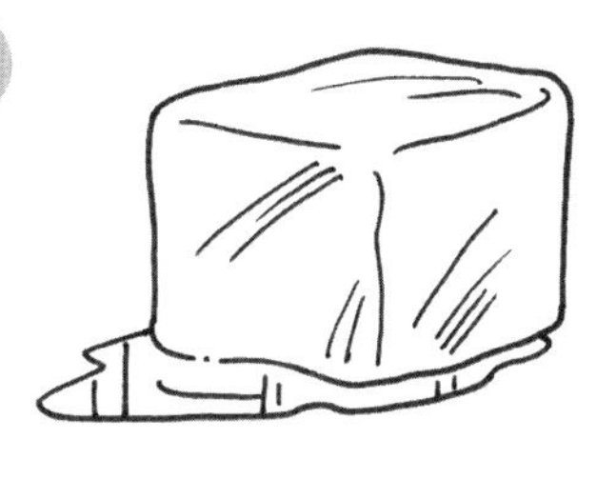

5

6

請把鞋子每兩個一數圈起來，然後在（　　）內填上正確的答案。

共有（　　）隻皮鞋

請把手套每兩個一數圈起來，然後在（　　）內填上正確的答案。

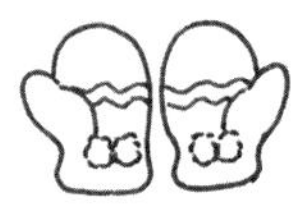
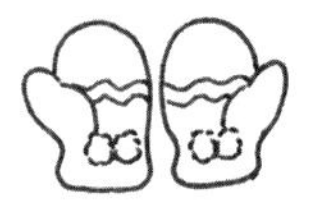
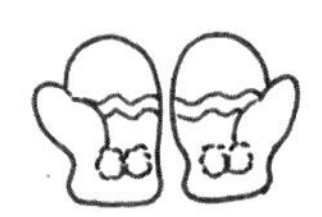
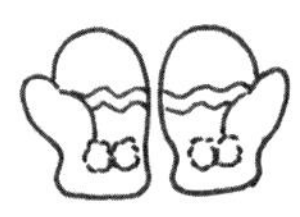
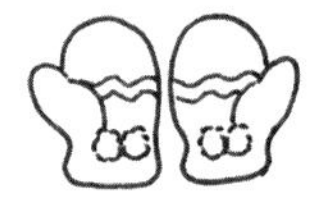

共有（　　）隻手套

請把珠子每十個一數圈起來，然後在（　　）內填上正確的答案。

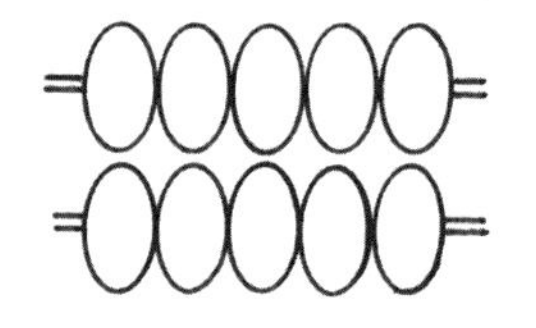
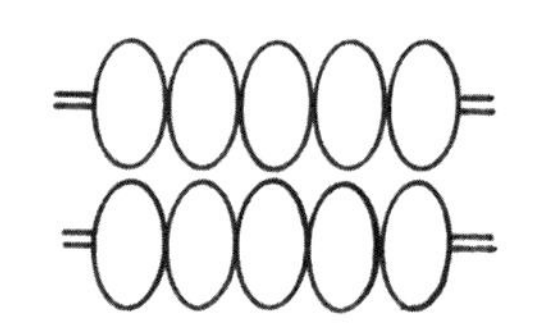

共有（　　）粒珠子

請把氣球每十個一數圈起來，然後在（　　）內填上正確的答案。

共有（　　）個氣球

• 認識環境污染

日期：

小朋友，你喜歡在哪種環境下居住？請在 ☐ 內畫上 ♥。

藝術

- 石頭手工
- 認識蜜蜂

日期：

請跟着以下步驟製作小蜜蜂。

材料：
一塊橢圓形的小石頭、
一枝牙籤、泥膠、水彩。

1 在石塊上分別塗上黑色和黃色的水彩。

2 待水彩乾透後，搓兩小塊泥膠作眼睛，然後貼在石塊前端。

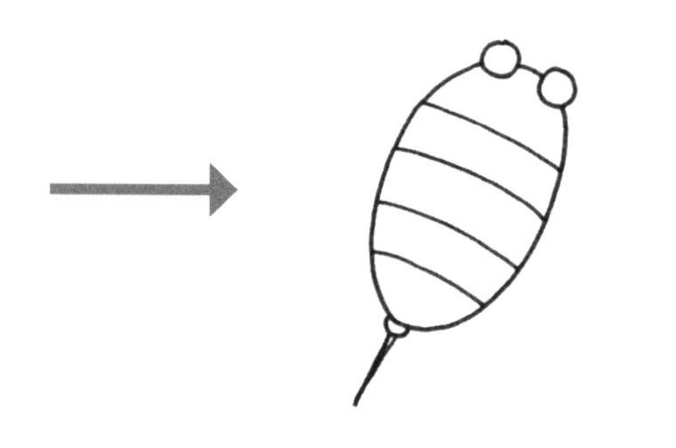

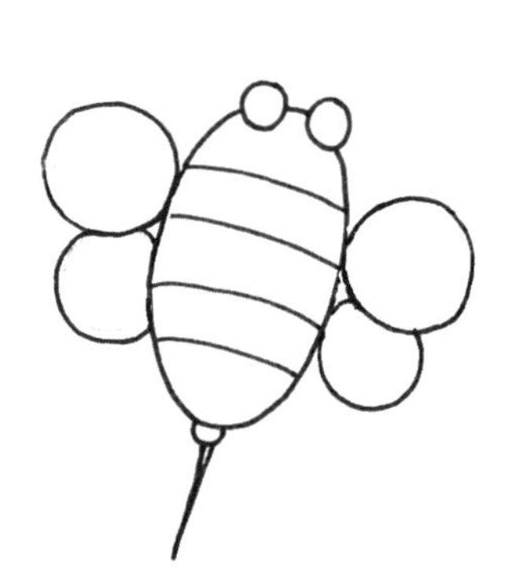

3 搓一小塊泥膠，把它插在牙籤上，然後貼在石塊的底部。

4 用白色紙剪出兩個大圓形和兩個小圓形作翅膀，然後貼在石塊的兩旁。

STEAM UP 小學堂

蜜蜂腹部末端有一根毒針，由一根背刺針和兩根腹刺針組成，與內臟器官相連。當蜜蜂螫人後，針上的倒勾會牢牢地勾緊人們的皮膚，而當蜜蜂飛離人體時，由於針是與內臟器官相連，便會傷害了自己的內臟器官，因而死亡了。但不是所有蜜蜂都會立即死去，黃蜂就是可以反覆使用螫針去攻擊敵人來保護自己的。

• 認識部首「艹」

日期：

請在正確的位置寫上「艹」，然後把字詞跟相配的拼音用線連起來。最後掃描二維碼，跟着唸一唸字詞。

	字詞		拼音
1	化 朵	•	• lì zhī
2	劦 枝	•	• huā duǒ
3	頻 果	•	• cǎo dì
4	早 地	•	• píng guǒ
5	枼 子	•	• yè zi

• 看圖選詞

日期：

請觀察圖畫，然後把正確的詞語圈起來。最後掃描二維碼，跟着唸一唸。

xīng qī tiān，bà mā hé wǒ dào（gōng yuán / hǎi tān）yóu

星期天，爸媽和我到（公園／海灘）遊

wán。gōng yuán li yǒu yí gè dà（pēn shuǐ chí / yóu yǒng chí）。

玩。公園裏有一個大（噴水池／游泳池）。

wǒ men zuò zài cháng yǐ shang chéng liáng，kàn zhe chí biān de（xiǎo jī /

我們坐在長椅上乘涼，看着池邊的（小雞／

gē zi）zài chī dōng xi，tā men de yàng zi zhēn shì yǒu qù a！

鴿子）在吃東西，牠們的樣子真是有趣啊！

• 温習字詞

日期：

請把每幅圖畫的第一個英文字母填在橫線上，看看組成什麼字詞，然後把跟字詞相配的圖畫圈起來。

  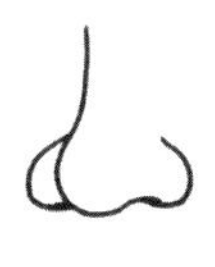

  n

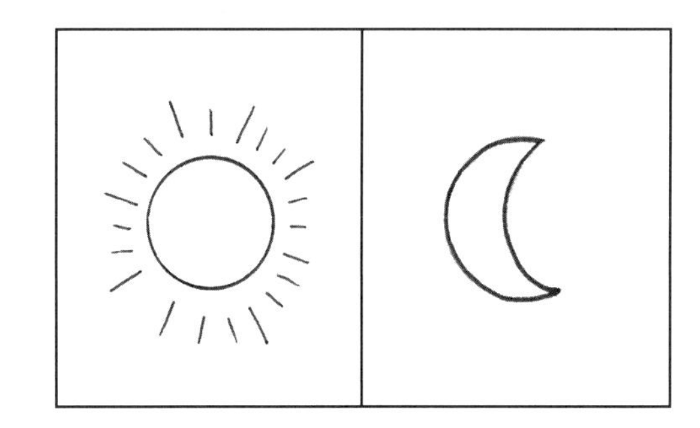

  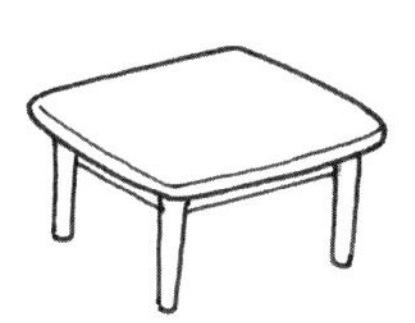

  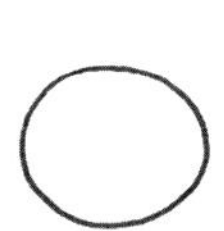 8

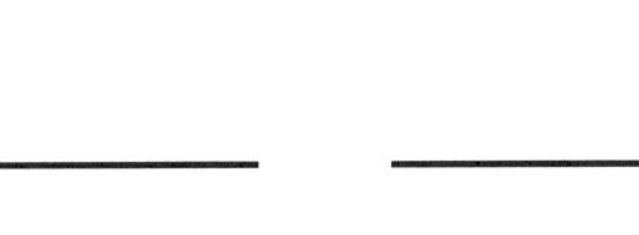

  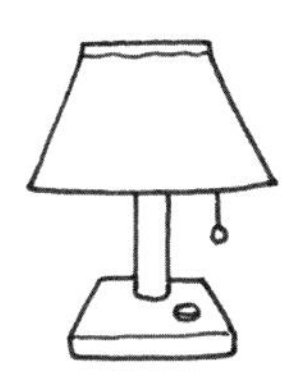 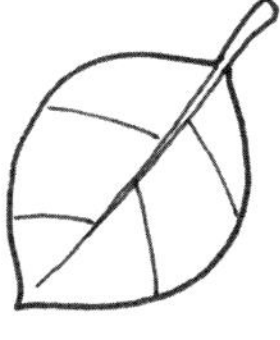 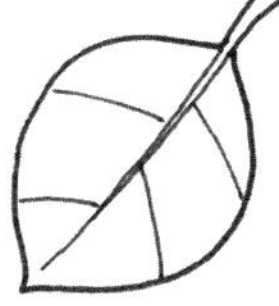

請按時間在鐘面上畫上時針和分針。

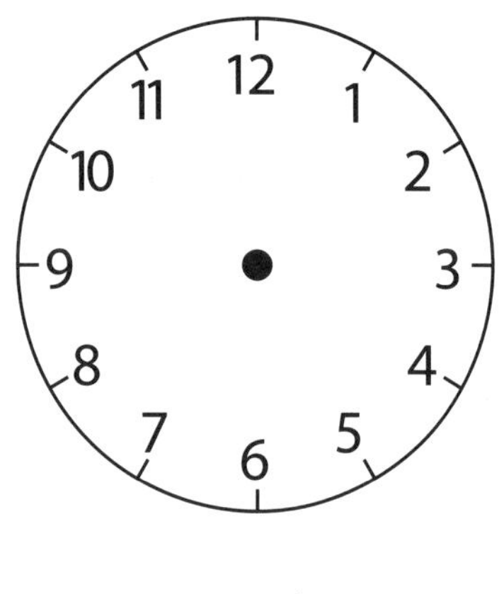

六時正

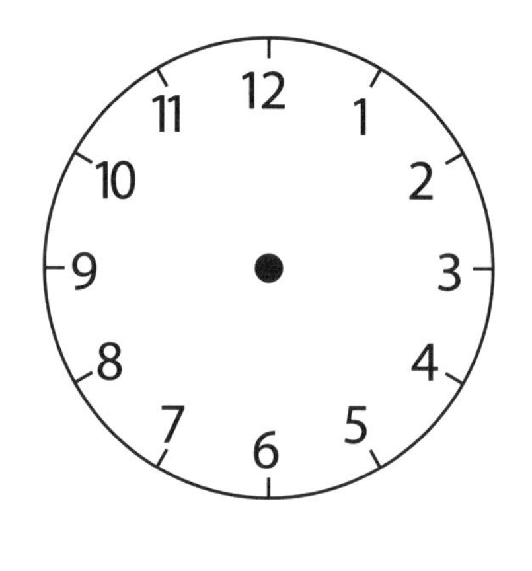

十時正

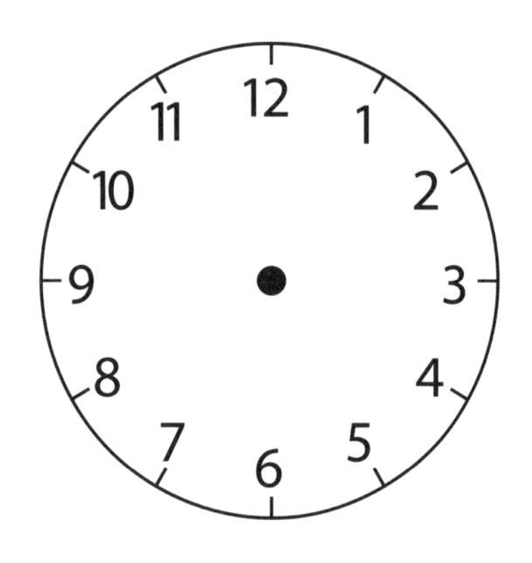

五時三十分

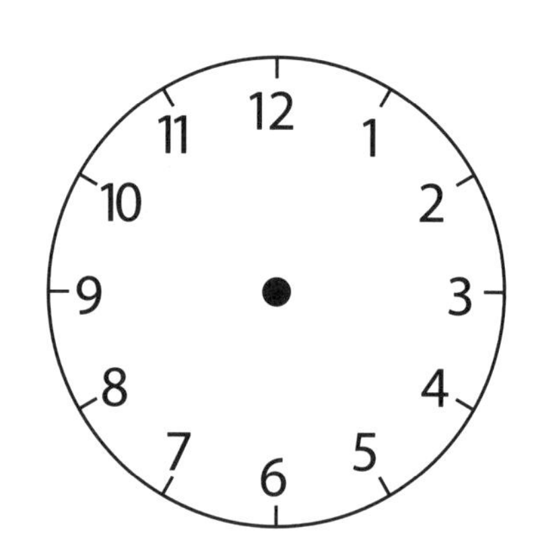

八時三十分

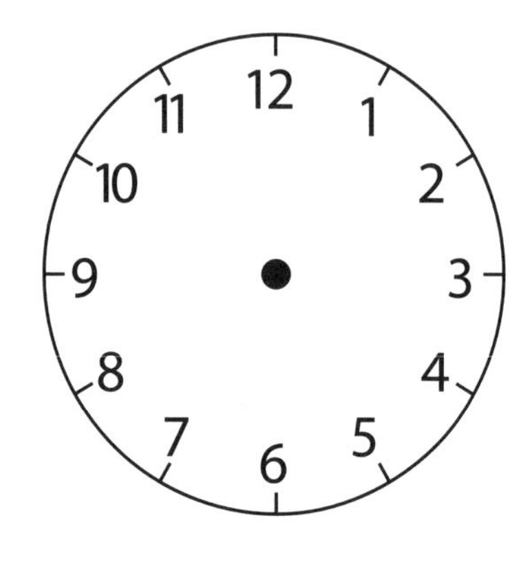

二時十五分

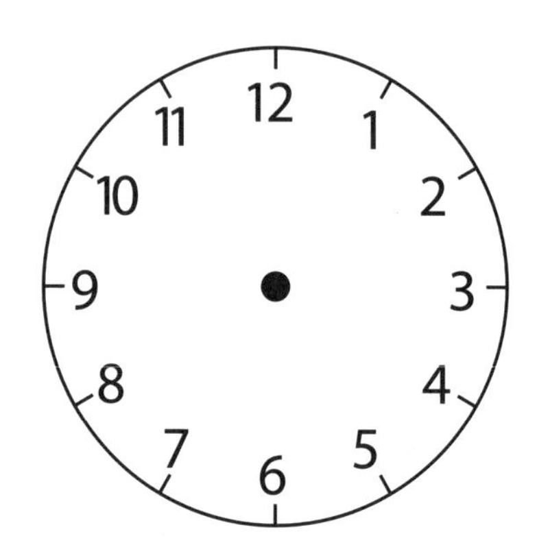

七時四十五分